KB275839

국내 최초

야구 스도쿠

중급

야구 스도쿠 중급

강주현 지음

초판 1쇄 2013년 3월 31일
초판 2쇄 2013년 4월 5일

펴낸곳   시간과공간사
등   록   1988년 11월 16일(제1-835호)
펴낸이   최석두
주   소   서울시 마포구 서교동 480-9 에이스빌딩 3층 우) 121-210
전   화   02)3272-4546~8
팩   스   02)3272-4549
이메일   pyongdan@hanmail.net

ISBN   978-89-7142-244-1
             978-89-7142-242-7 (세트)

*잘못 만들어진 책은 구입하신 곳에서 바꾸어 드립니다.

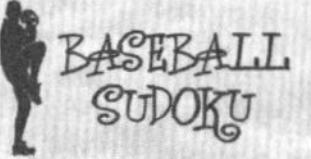

국내 최초
야구 스도쿠

중급

BASEBALL SUDOKU

시간과공간사

한국 프로야구사

한국 프로야구는 1982년 OB 베어스, MBC 청룡, 해태 타이거즈, 롯데 자이언츠, 삼성 라이온즈, 삼미 슈퍼스타즈 등 6개 구단의 출범으로 시작된 후 1986년 빙그레 이글스가 출범하면서 7개 팀으로 이루어졌습니다. 당시 프로야구가 출범하게 된 배경은 1980년 광주민주화운동이 발생한 후 전두환 정권이 국민의 정치적 관심을 다른 방향으로 돌리기 위해 시작한 3S(screen·sex·sports)정책의 일환으로 시작되었다고 합니다.

1990년에는 MBC 청룡을 LG가 인수하면서 LG 트윈스로 변경되었습니다. 1991년에는 전북을 연고로 하는 쌍방울 레이더스가 출범하면서 프로야구는 8개 구단으로 늘어났습니다. 1994년에는 빙그레 이글스를 한화가 인수하면서 한화 이글스로 변경되었고, 1999년에는 OB 베어스가 두산 베어스로

팀명을 바꾸었습니다. 이후 2000년에는 SK가 쌍방울 레이더스를 인수하여 SK 와이번스가 되었으며, 2001년에는 기아가 해태 타이거즈를 인수하여 기아 타이거즈가 되었습니다.

한편, 한국 프로야구는 1999년부터는 8개 팀이 전년도의 성적순으로 양대 리그로 나뉘어 경기에 참가했지만, 2001년부터는 단일 리그로 변경돼, 2013년 현재 한국 프로야구는 9개 구단 단일 리그로 구성되어 있습니다. 2011년까지는 두산 베어스(서울), 한화 이글스(대전), SK 와이번스(인천), LG 트윈스(서울), 기아 타이거즈(광주), 롯데 자이언츠(부산), 삼성 라이온즈(대구), 넥센 히어로즈(서울) 등 8개 구단으로 구성되어 있었습니다. 2013년부터는 2011년 창원을 연고지로 하여 창단된 NC 다이노스가 1군 리그에 참여합니다. 프로야구 경기는 페넌트레이스, 준플레이오프, 플레이오프, 한국시리즈, 올스타전으로 치러지고 있습니다.

마방진의 한 갈래

마방진(魔方陳)은 가로, 세로, 대각선 위의 합이 모두 같아지도록 수를 나열한 것인데, 여기서 방(方)은 정사각형, 진(陳)은 나열한다는 뜻입니다. 또한 마방진은 마법진이라고도 합니다. 이는 영어의 magic square를 번역한 말입니다.

마방진은 가로, 세로 3×3 형의 방진에서 4×4, 5×5, 6×6, 7×7, 8×8, 9×9, 10×10, 12×12, 16×16……과 같이 만들 수 있으며, 정사각형 외에도 여러 가지 유형을 생각할 수 있습니다.

마방진에 쓰이는 숫자는 자연수를 꼭 한 번씩만 사용해야 합니다. 이미 완성된 마방진을 보면 간단한 것 같으나 실제로 만들어 보면 매우 어렵습니다. 옛날 사람들은 이와 같은 것에 신비로움을 느껴 때로는 마귀를 쫓는 부적으로도 사용했습니다.

조선 후기, 30세에 진사시험에 수석합격하고, 그 후 부제학·이조참판·우의정·좌의정·대제학 그리고 마침내는 영의정 등 왕조의 주요 직책을 모두 거쳤던 수학자 최석정(1646~1715)은 마방진 비슷한 것을 창안하여 그의 수학 저서인 《구수략(九數略)》에 실었습니다.

1~30까지의 수를 한 번씩만 사용하여 만든 마방진은, 각 육각형 수의 합은 같습니다. 마방진은 숫자 대신 글자(7×7 = 무지개색 명칭이나 칠하기·일주일, 9×9 = 야구 수비위치, 10×10 = 십장생·천간, 12×12 = 십이지 등), 도형, 부호, 색상, 알파벳을 이용하면 단순한 숫자 채우기보다 훨씬 더 재미있게 마방진을 즐길 수 있습니다.

스도쿠란 무엇인가?

스도쿠란 숫자를 이용해 논리력을 테스트하기 위해 개발된 퍼즐입니다. 일본어인 '스도쿠'는 숫자를 뜻하는 스(數, su)와 홀로(single)를 뜻하는 도쿠(獨, doku)를 조합한 단어로, 쉬운 말로 풀이하면 '한자리 수' 정도로 이해할 수 있습니다.

스도쿠는 기본적으로 가로와 세로 9칸씩 모두 81칸의 정사각형으로 만들며, 단계별 난이도에 따라 정해 놓은 숫자를 적게도 또는 많게도 표기해 놓을 수 있지만 마방진 규칙이나 원칙은 바뀌지 않습니다. 즉, 9칸으로 이루어진 각각의 가로줄 및 세로줄과 대각선 방향, 가로 3칸×세로 3칸의 9칸으로 이루어진 작은 상자 속에도 1~9까지의 숫자를 겹치지 않게 골고루 채워 넣어야 합니다.

스도쿠는 마방진의 일부분으로 최근 일어나고 있는 폭발적인 스도쿠 열풍은 1984년 '니콜리'라는 일본 출판사에서 초기 버전의 스도쿠 퍼즐 책을 발매한 것에서 비롯된 것으로 보입니다. 당시 니콜리 출판사는 1970년 미국에서 출간되었던 '넘버플레이스(number place)'라는 숫자 퍼즐 책에서 아이디어를 얻어 초기 버전의 스도쿠 퍼즐 책을 출간하게 되었다고 합니다.

니콜리 출판사는 1986년경 초기 버전의 게임 규칙을 새

롭게 개발하여 스도쿠의 인기를 대폭 끌어올리게 됩니다. 새롭게 개발된 스도쿠는 일본에서 가장 인기 있는 퍼즐 게임이 되었고, 나아가 유럽과 미국, 인도 등지로 빠르게 확산되었습니다.

지금 시중에 나와 있는 거의 모든 스도쿠 퍼즐은 논리적으로 풀 수 있는 것이며, 마방진의 숫자의 합이 같아야 한다는 복잡한 수학적인 계산은 전혀 할 필요가 없습니다. 따라서 숫자만 생각하면 머리부터 아프다는 숫자기피증 환자도 스도쿠만큼은 전혀 걱정하지 않아도 됩니다. 그 이유는 여기서 숫자는 스도쿠를 푸는 데 필요한 단순한 수단일 뿐이기 때문입니다.

그러나 스도쿠를 열심히 풀다 보면 자신도 모르는 사이에 논리력과 창의력이 발달되며, 사고를 집중해야 하기 때문에 자연스럽게 집중력도 길러지게 됩니다. 이제 스도쿠 인기는 크로스워드 퍼즐, 숨은그림찾기, 월리를 찾아라, 매직 아이, 네모네모 로직퍼즐의 뒤를 이어 퍼즐계에 광풍을 불러일으키며 전 세계로 퍼져 나가고 있습니다.

스도쿠 마니아 여러분! 2012년 프로야구 관중이 700만 명을 돌파했습니다. 우리 모두 프로야구와 함께 '야구 스도쿠'를 맘껏 즐겨봅시다.

야구 스도쿠를 쉽게 푸는 방법

대각선 : 가로, 세로 한가운데를 지나는 대각선에 프로야구 9명의 선수, 구단, 수비 위치가 골고루 들어가야 합니다.

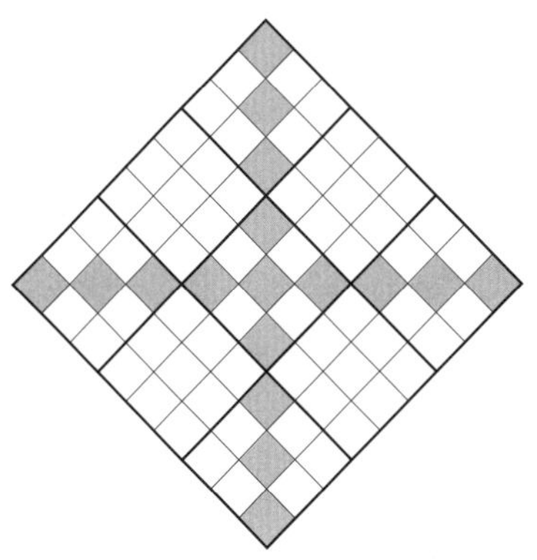

오른쪽 : 45도 오른쪽으로 기울어진 방향으로 프로야구 9명의 선수, 구단, 수비 위치가 골고루 들어가야 합니다.

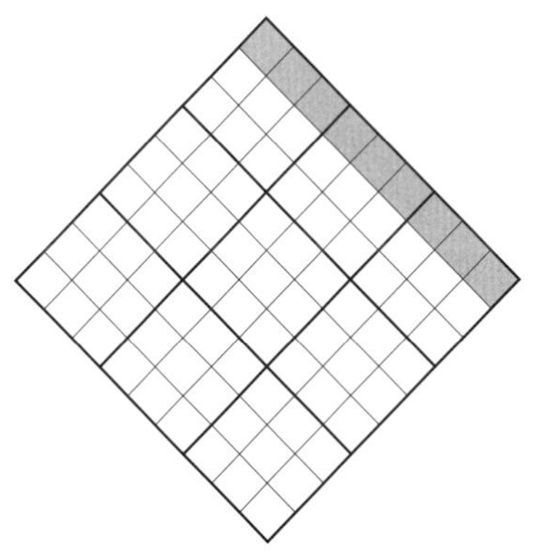

왼쪽 : 45도 왼쪽으로 기울어진 방향으로 프로야구 9명의 선수, 구단, 수비 위치가 골고루 들어가야 합니다.

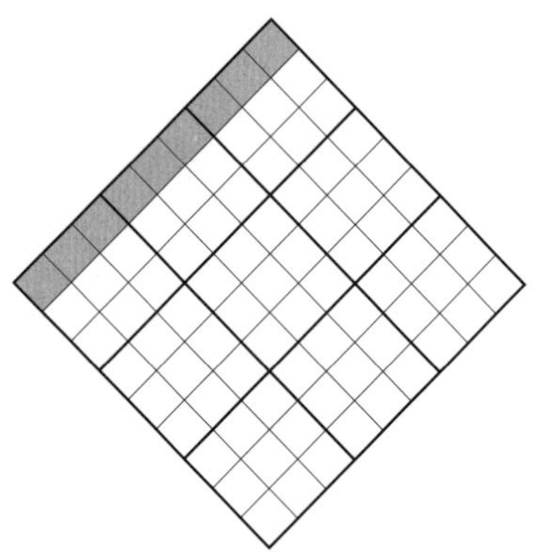

작은 마름모 : 마름모 속의 작은 마름모 9개 속에도 프로야구 9명의 선수, 구단, 수비 위치가 골고루 들어가야 합니다.

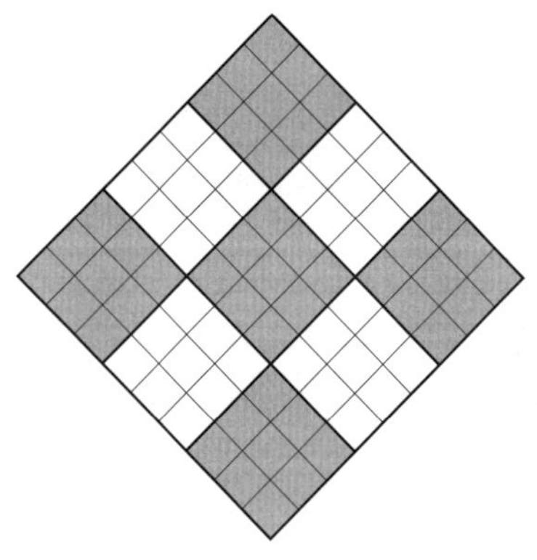

야
구
스
도
쿠
중급
문
제

BASEBALL
SUDOKU

- No.　　　001
- Date
- Time

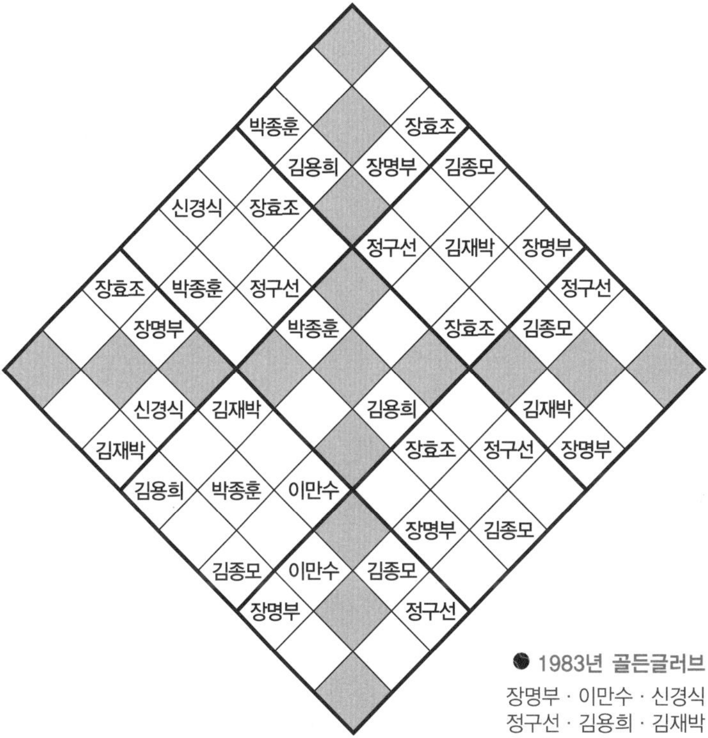

● 1983년 골든글러브

장명부 · 이만수 · 신경식
정구선 · 김용희 · 김재박
장효조 · 박종훈 · 김종모

BASEBALL
SUDOKU

- No.   002
- Date
- Time

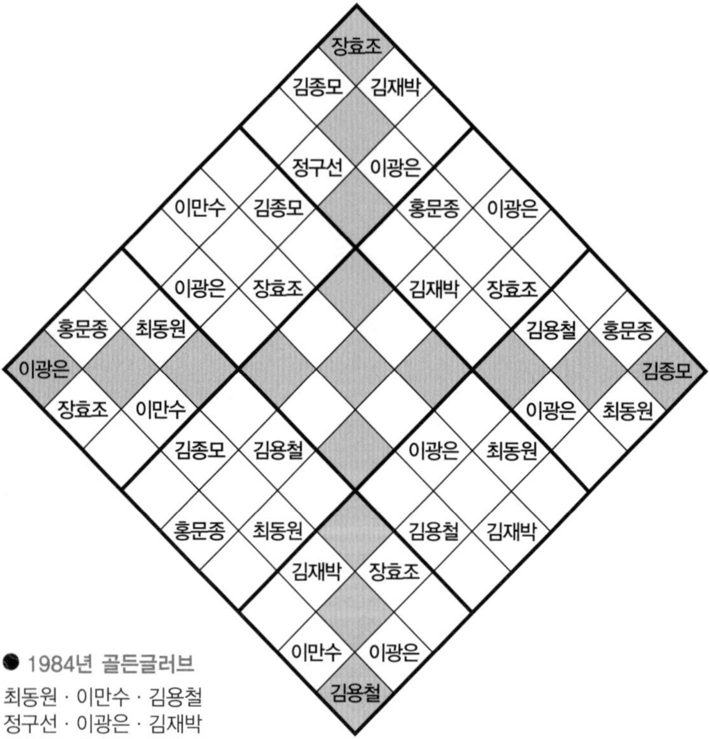

● 1984년 골든글러브

최동원 · 이만수 · 김용철
정구선 · 이광은 · 김재박
장효조 · 홍문종 · 김종모

BASEBALL
SUDOKU

- No.　　　003
- Date
- Time

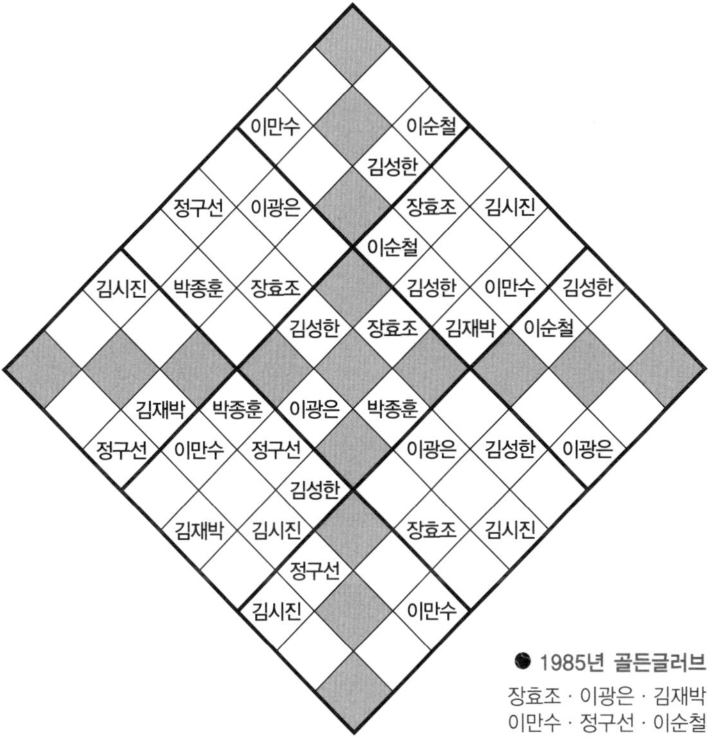

이만수　이순철
김성한
정구선　이광은　장효조　김시진
이순철
김시진　박종훈　장효조　김성한　이만수　김성한
김성한　장효조　김재박　이순철
김재박　박종훈　이광은　박종훈
정구선　이만수　정구선　이광은　김성한　이광은
김성한
김재박　김시진　장효조　김시진
정구선
김시진　이만수

● 1985년 골든글러브

장효조 · 이광은 · 김재박
이만수 · 정구선 · 이순철
김시진 · 김성환 · 박종훈

BASEBALL SUDOKU

- No.   004
- Date
- Time

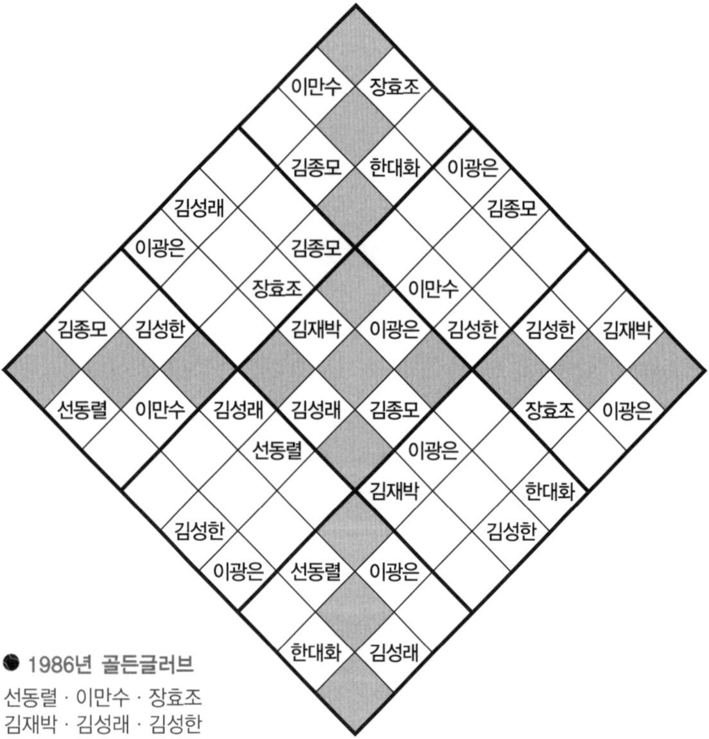

● 1986년 골든글러브

선동렬 · 이만수 · 장효조
김재박 · 김성래 · 김성한
김종모 · 한대화 · 이광은

BASEBALL
SUDOKU

- No. 005
- Date
- Time

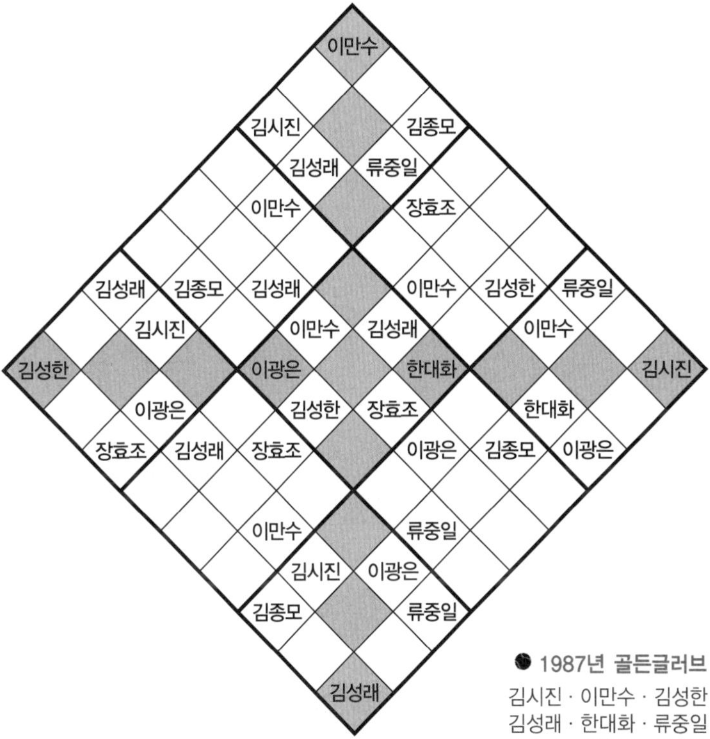

● 1987년 골든글러브

김시진 · 이만수 · 김성한
김성래 · 한대화 · 류중일
장효조 · 김종모 · 이광은

17

BASEBALL
SUDOKU

- No.　　　006
- Date
- Time

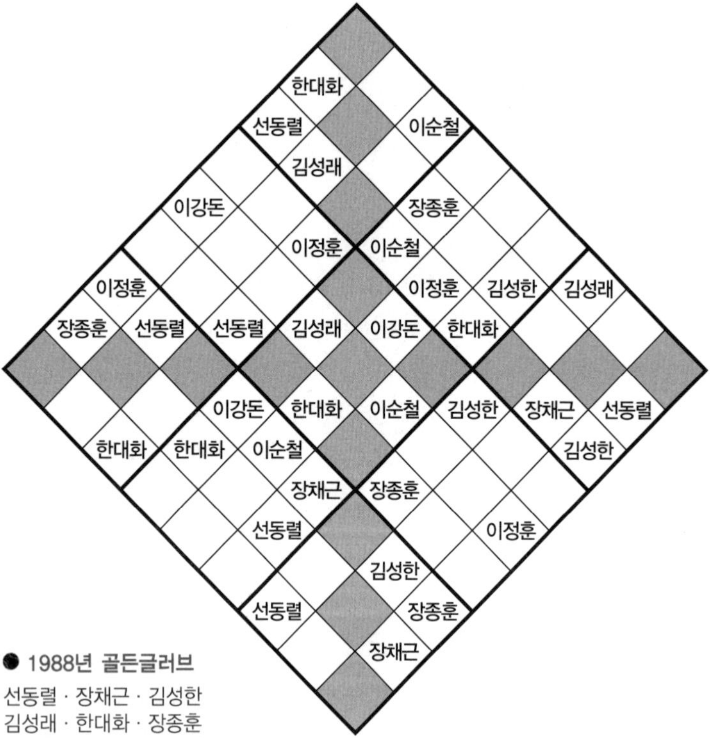

● 1988년 골든글러브

선동렬 · 장채근 · 김성한
김성래 · 한대화 · 장종훈
이정훈 · 이강돈 · 이순철

BASEBALL
SUDOKU

- No.   007
- Date
- Time

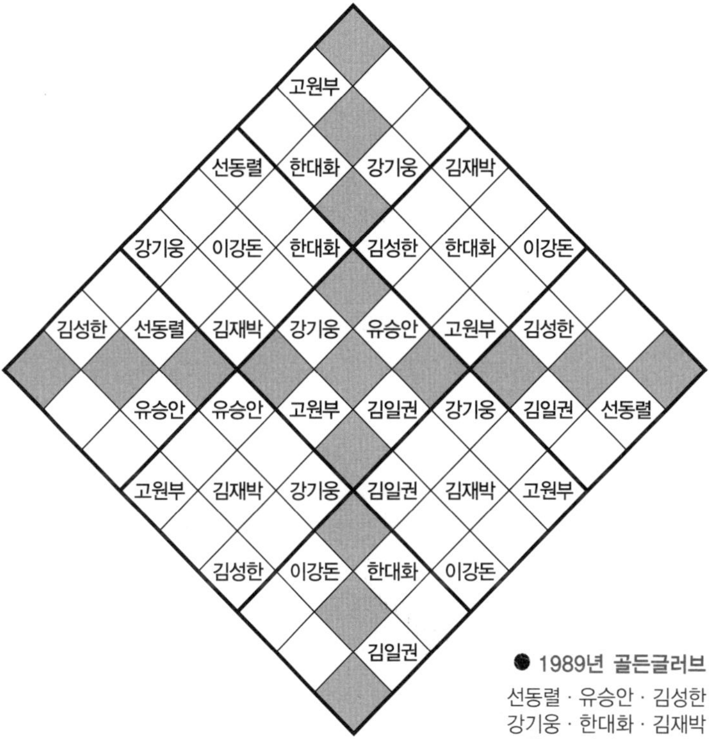

	고원부	

선동렬 · 한대화 · 강기웅 · 김재박

강기웅 · 이강돈 · 한대화 · 김성한 · 한대화 · 이강돈

김성한 · 선동렬 · 김재박 · 강기웅 · 유승안 · 고원부 · 김성한

유승안 · 유승안 · 고원부 · 김일권 · 강기웅 · 김일권 · 선동렬

고원부 · 김재박 · 강기웅 · 김일권 · 김재박 · 고원부

김성한 · 이강돈 · 한대화 · 이강돈

김일권

● 1989년 골든글러브

선동렬 · 유승안 · 김성한
강기웅 · 한대화 · 김재박
고원부 · 이강돈 · 김일권

BASEBALL
SUDOKU

- No.   008
- Date
- Time

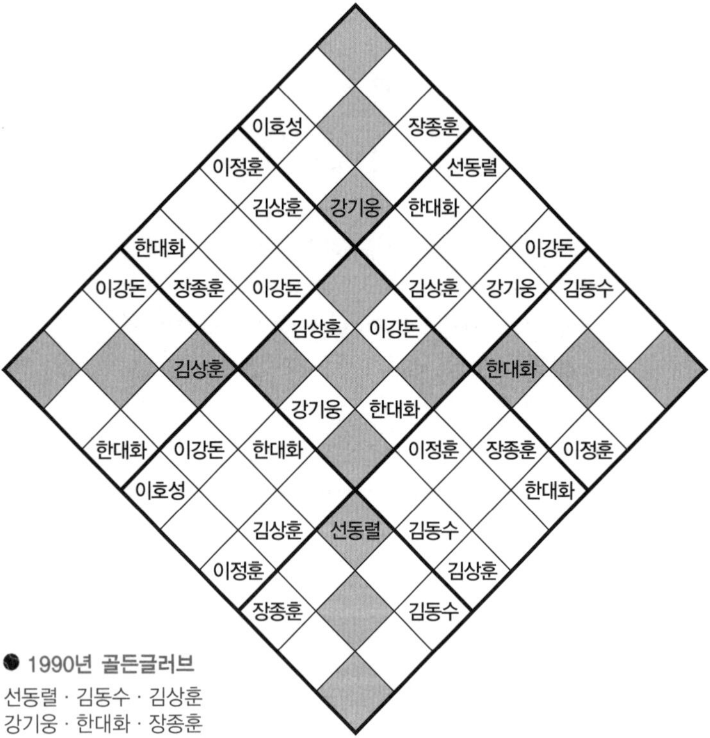

● 1990년 골든글러브

선동렬 · 김동수 · 김상훈
강기웅 · 한대화 · 장종훈
이정훈 · 이강돈 · 이호성

BASEBALL
SUDOKU

- No.   009
- Date
- Time

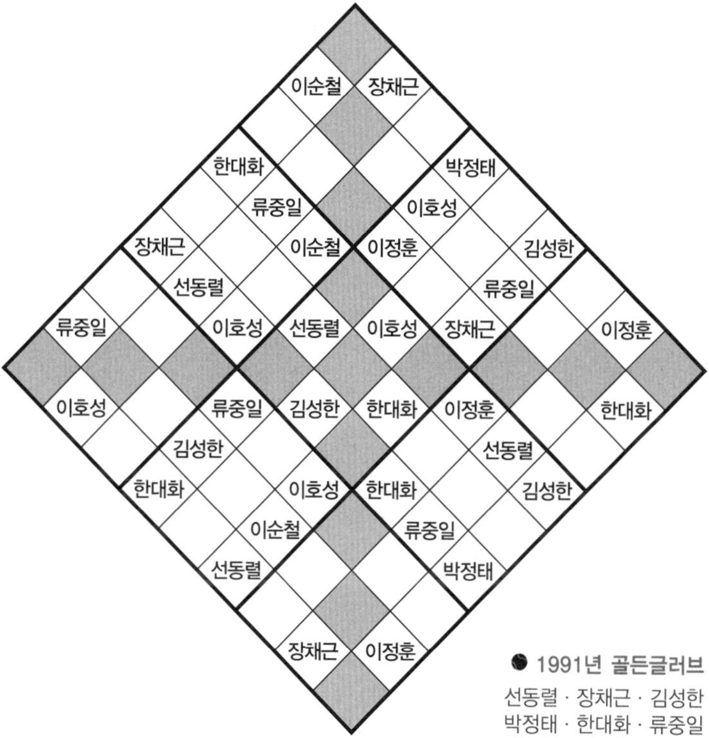

이순철 | 장채근

한대화 | 박정태

류중일 | 이호성

장채근 | 이순철 | 이정훈 | 김성한

선동렬 | 류중일

류중일 | 이호성 | 선동렬 | 이호성 | 장채근 | 이정훈

이호성 | 류중일 | 김성한 | 한대화 | 이정훈 | 한대화

김성한 | 선동렬

한대화 | 이호성 | 한대화 | 김성한

이순철 | 류중일

선동렬 | 박정태

장채근 | 이정훈

● 1991년 골든글러브

선동렬 · 장채근 · 김성한
박정태 · 한대화 · 류중일
이순철 · 이정훈 · 이호성

BASEBALL
SUDOKU

- No.　　　010
- Date
- Time

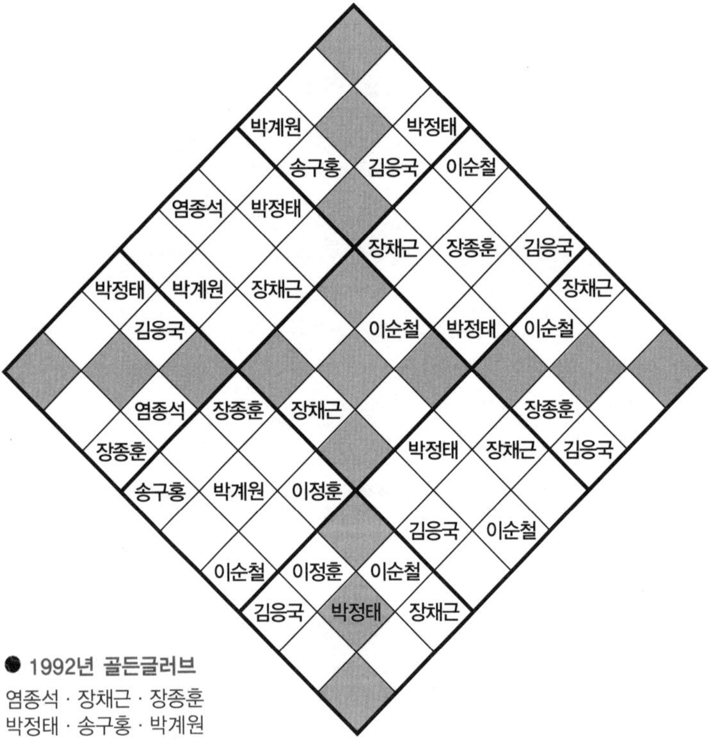

● 1992년 골든글러브

염종석 · 장채근 · 장종훈
박정태 · 송구홍 · 박계원
이순철 · 이정훈 · 김응국

BASEBALL
SUDOKU

- No.　　011
- Date
- Time

이순철

김동수　김성래　한대화　김성래

한대화

이종범　선동렬　김광림　선동렬　김동수

강기웅　강기웅　김동수　이순철　이순철　김광림　전준호

선동렬　이종범　전준호　김성래　선동렬　한대화　한대화

이순철　강기웅　이종범　김동수　김성래

김동수

김성래　전준호　김동수　전준호

김광림

● 1993년 골든글러브

선동렬 · 김동수 · 김성래
강기웅 · 한대화 · 이종범
이순철 · 김광림 · 전준호

BASEBALL
SUDOKU

- No.　　　012
- Date
- Time

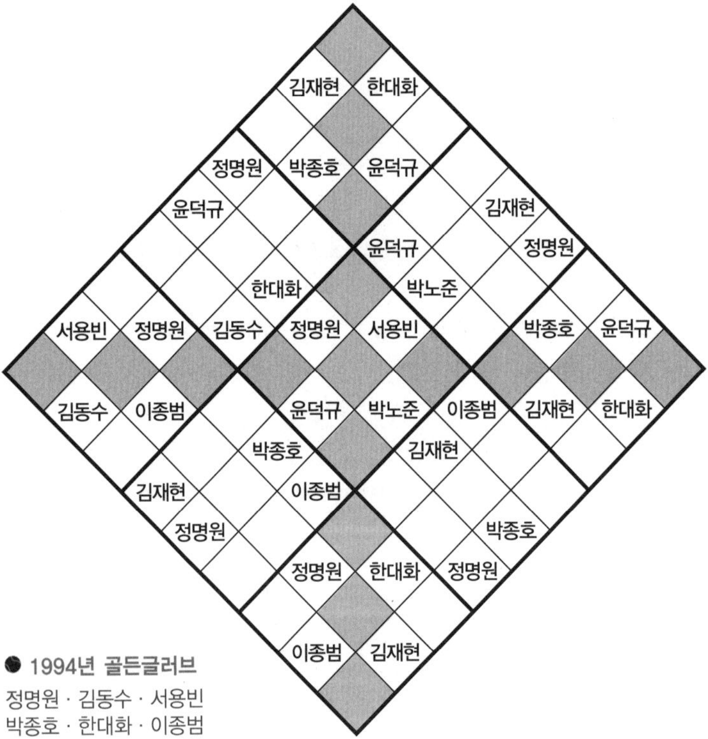

김재현 · 한대화 · 정명원 · 박종호 · 윤덕규 · 김재현 · 정명원 · 윤덕규 · 김재현 · 정명원 · 한대화 · 박노준 · 서용빈 · 정명원 · 김동수 · 정명원 · 서용빈 · 박종호 · 윤덕규 · 김동수 · 이종범 · 윤덕규 · 박노준 · 이종범 · 김재현 · 한대화 · 박종호 · 김재현 · 김재현 · 이종범 · 정명원 · 박종호 · 정명원 · 한대화 · 정명원 · 이종범 · 김재현

● 1994년 골든글러브

정명원 · 김동수 · 서용빈
박종호 · 한대화 · 이종범
윤덕규 · 박노준 · 김재현

BASEBALL
SUDOKU

- No.   013
- Date
- Time

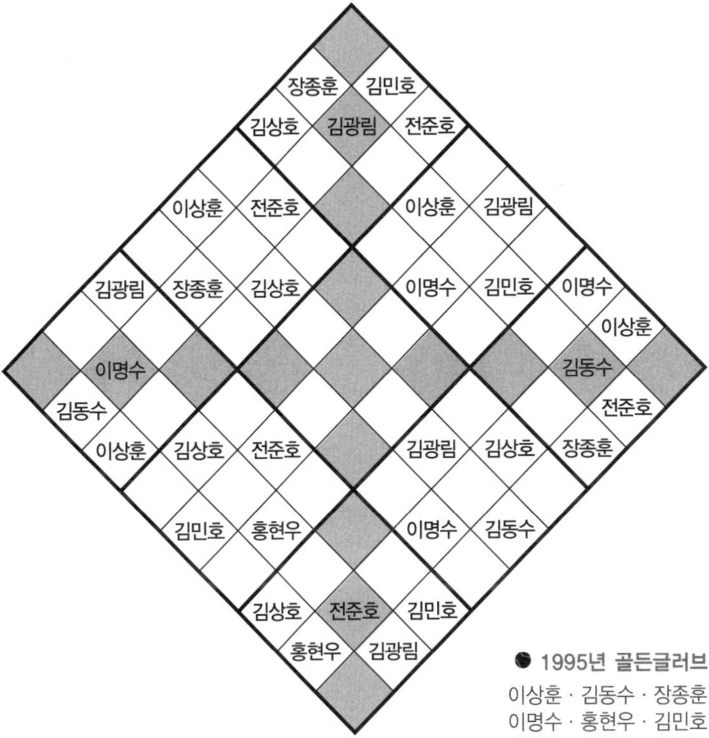

● 1995년 골든글러브

이상훈 · 김동수 · 장종훈
이명수 · 홍현우 · 김민호
김광림 · 김상호 · 전준호

BASEBALL
SUDOKU

- No.　　014
- Date
- Time

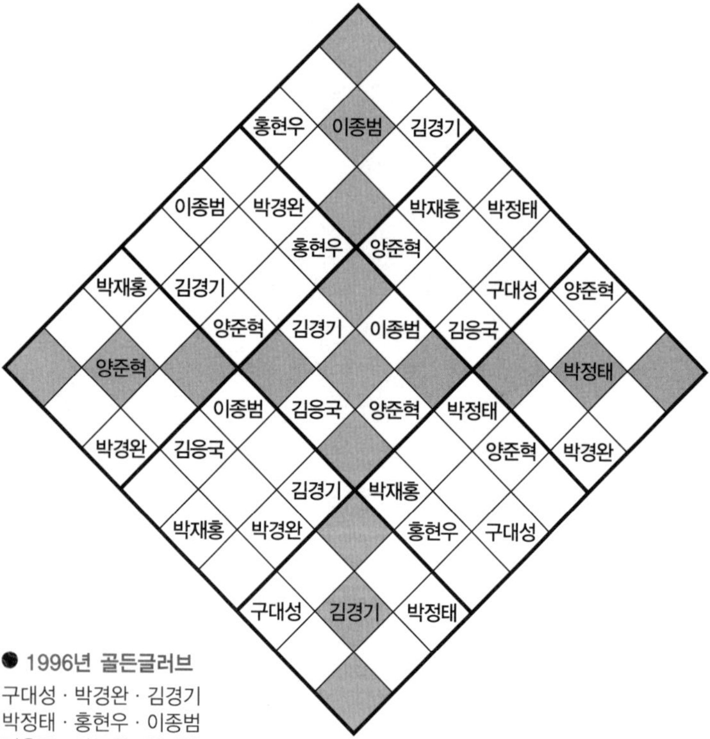

		홍현우	이종범	김경기		
	이종범	박경완		박재홍	박정태	
박재홍	김경기	홍현우	양준혁	구대성	양준혁	
	양준혁	김경기	이종범	김응국		
양준혁	이종범	김응국	양준혁	박정태	박정태	
박경완	김응국	김경기	박재홍	양준혁	박경완	
박재홍	박경완	구대성	김경기	홍현우	구대성	
		구대성	김경기	박정태		

● 1996년 골든글러브

구대성 · 박경완 · 김경기
박정태 · 홍현우 · 이종범
김응국 · 양준혁 · 박재홍

- No.   015
- Date
- Time

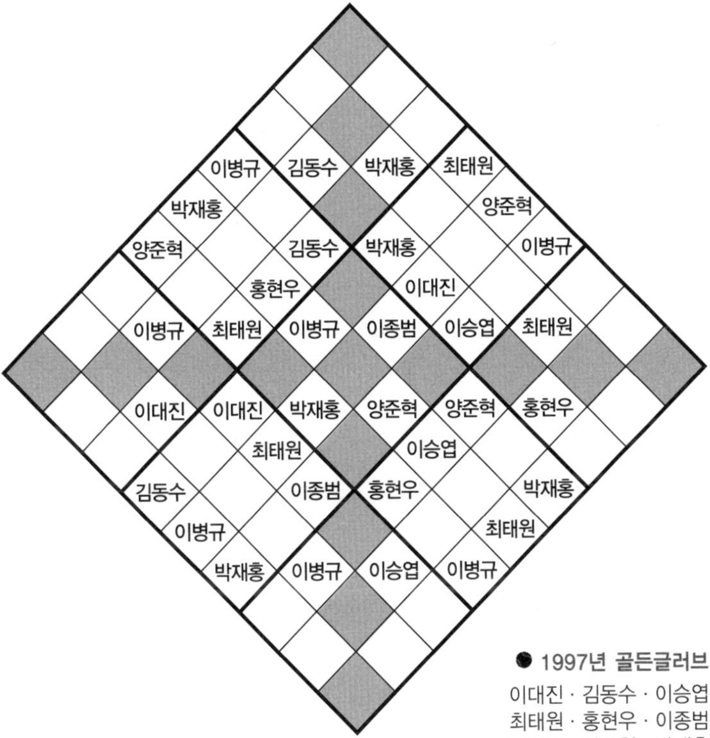

이병규	김동수	박재홍	최태원
박재홍			양준혁
양준혁	김동수	박재홍	이병규
	홍현우	이대진	
이병규	최태원	이병규	이종범	이승엽	최태원
이대진	이대진	박재홍	양준혁	양준혁	홍현우
	최태원		이승엽	
김동수	이종범	홍현우		박재홍
이병규			최태원
박재홍	이병규	이승엽	이병규

BASEBALL
SUDOKU

- No.   016
- Date
- Time

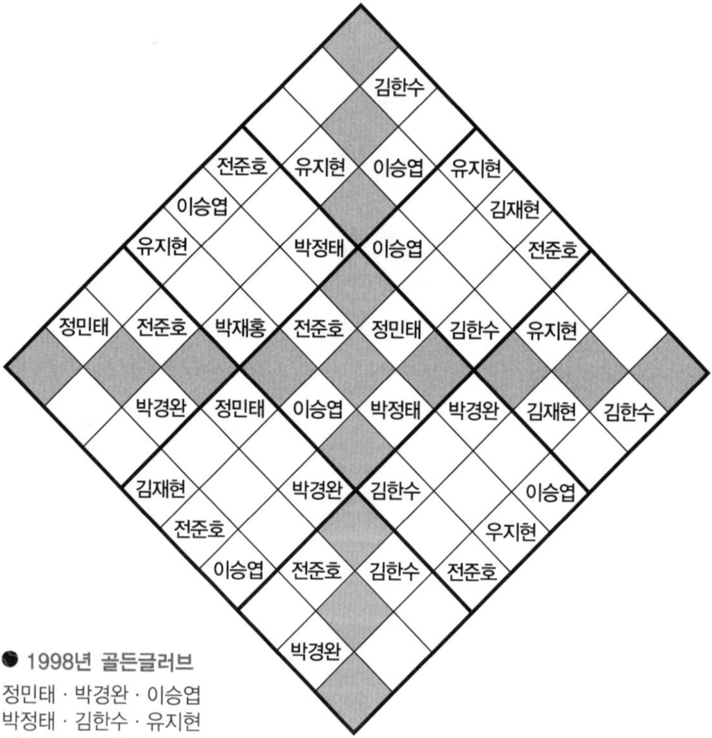

● 1998년 골든글러브

정민태 · 박경완 · 이승엽
박정태 · 김한수 · 유지현
전준호 · 박재홍 · 김재현

BASEBALL
SUDOKU

- No.   017
- Date
- Time

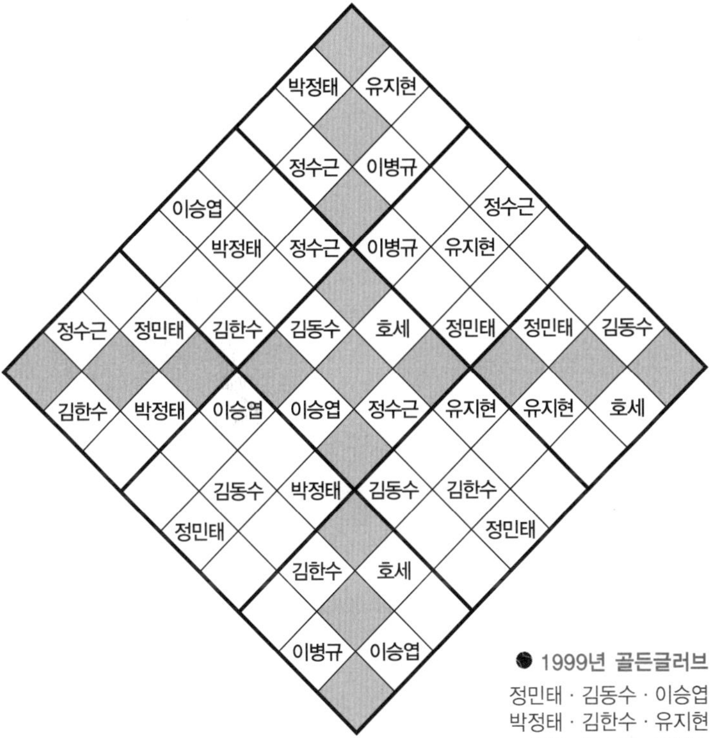

● 1999년 골든글러브

정민태 · 김동수 · 이승엽
박정태 · 김한수 · 유지현
호세 · 정수근 · 이병규

BASEBALL
SUDOKU

- No.　　　018
- Date
- Time

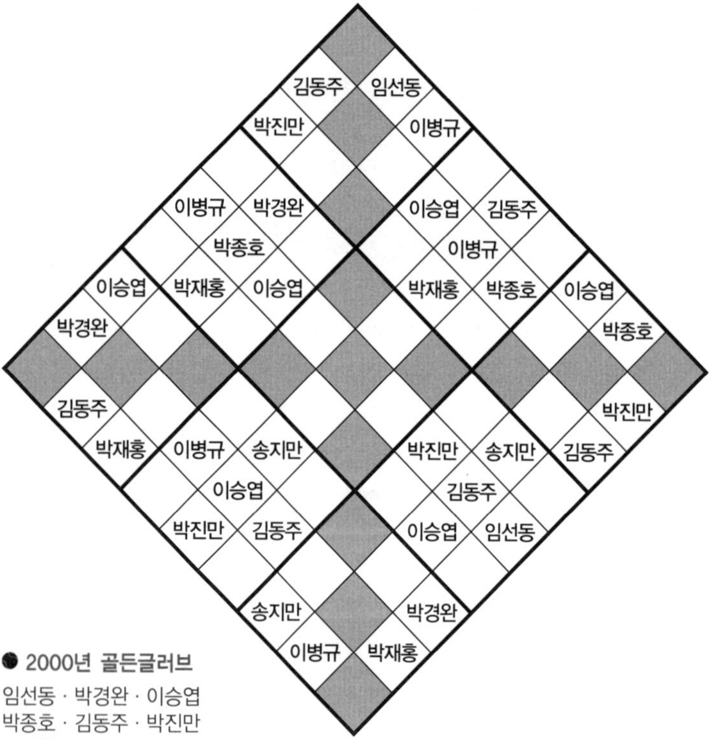

● 2000년 골든글러브

임선동 · 박경완 · 이승엽
박종호 · 김동주 · 박진만
박재홍 · 송지만 · 이병규

BASEBALL
SUDOKU

안경현

신윤호

신윤호　김한수　심정수

홍성훈　　　　　　　　김한수

이종범　　심정수　홍성훈　이승엽

심정수　　이승엽　신윤호

송지만　송지만　　　　　　마해영　안경현

홍성훈　이종범

이종범　　　　이승엽　이승엽

김한수　안경현　신윤호　신윤호　송지만

송지만　　　　　　송지만　마해영

송지만　마해영　김한수

이종범

홍성훈

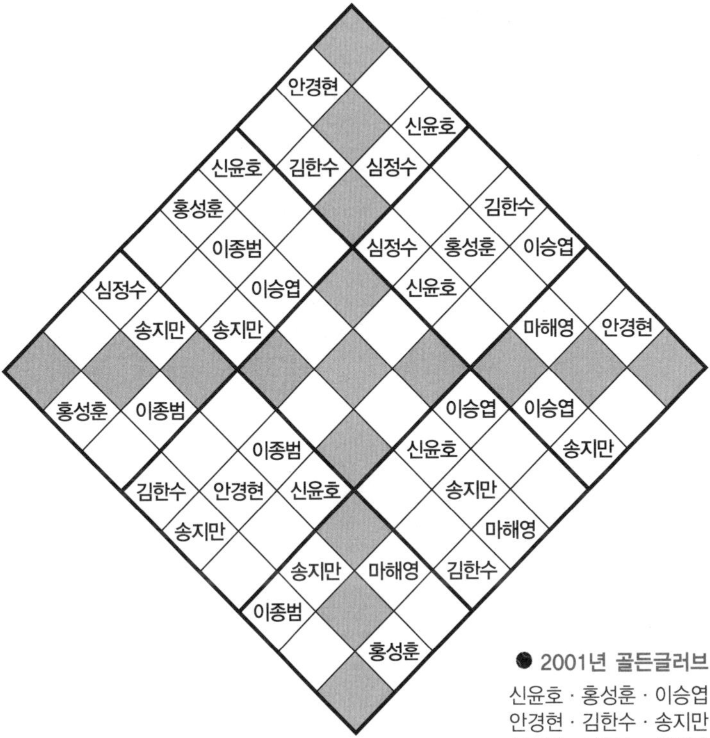

● 2001년 골든글러브

신윤호 · 홍성훈 · 이승엽
안경현 · 김한수 · 송지만
이종범 · 심정수 · 마해영

BASEBALL
SUDOKU

- No.　　　020
- Date
- Time

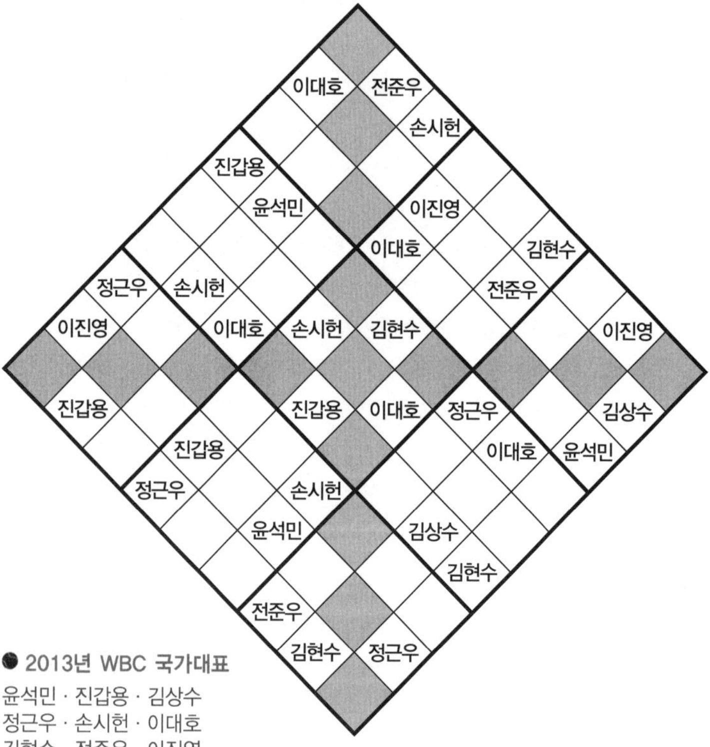

● 2013년 WBC 국가대표

윤석민 · 진갑용 · 김상수
정근우 · 손시헌 · 이대호
김현수 · 전준우 · 이진영

BASEBALL
SUDOKU

- No.   021
- Date
- Time

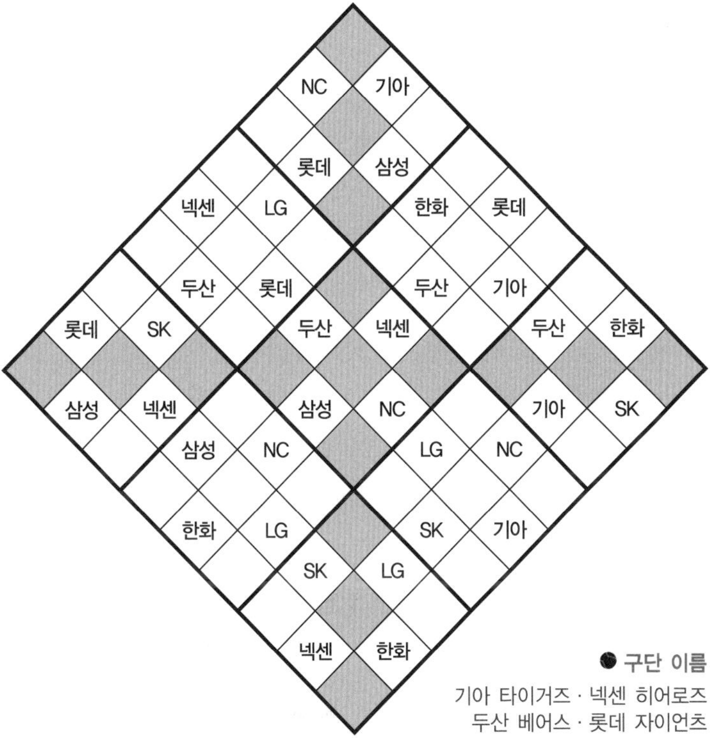

● 구단 이름

기아 타이거즈 · 넥센 히어로즈
두산 베어스 · 롯데 자이언츠
삼성 라이온즈 · 한화 이글스
LG 트윈스 · NC 다이노스 · SK 와이번스

BASEBALL
SUDOKU

- No.　　022
- Date
- Time

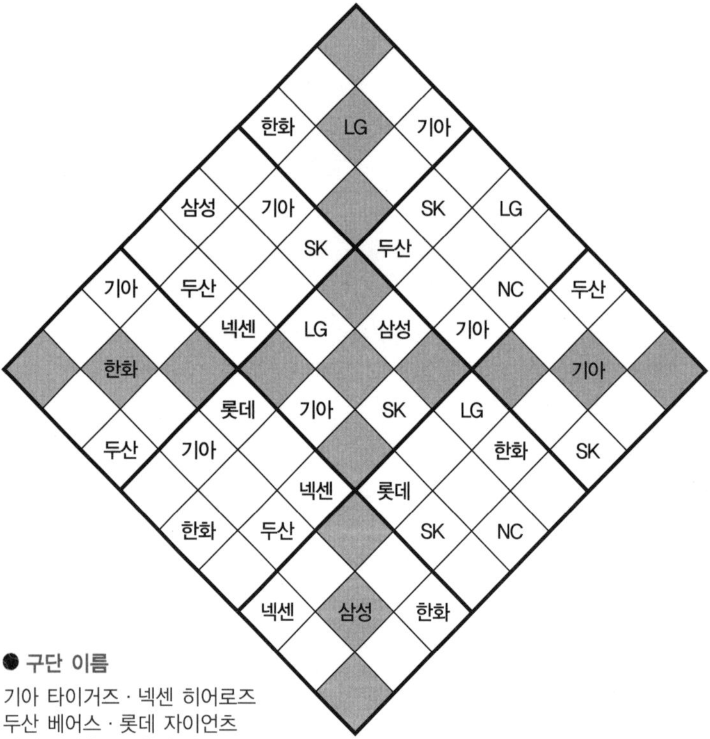

● 구단 이름

기아 타이거즈 · 넥센 히어로즈
두산 베어스 · 롯데 자이언츠
삼성 라이온즈 · 한화 이글스
LG 트윈스 · NC 다이노스 · SK 와이번스

BASEBALL
SUDOKU

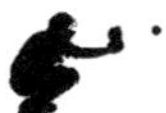

• No. 023

• Date

• Time

			한화		기아			
		삼성		SK		두산		
	NC		넥센	삼성	두산		기아	
기아		두산	NC		삼성	넥센		한화
	넥센	LG				NC	두산	
NC		한화	두산		넥센	SK		삼성
	한화		LG	두산	롯데		넥센	
		NC		넥센		기아		
			기아		NC			

● 구단 이름

기아 타이거즈 · 넥센 히어로즈

두산 베어스 · 롯데 자이언츠

삼성 라이온즈 · 한화 이글스

LG 트윈스 · NC 다이노스 · SK 와이번스

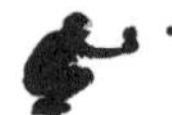

BASEBALL
SUDOKU

- No. 024
- Date
- Time

		LG		NC		SK		
	NC		LG		SK		넥센	
두산		넥센		삼성		LG		NC
	기아			LG			삼성	
한화		롯데	넥센		NC	기아		두산
	LG			한화			SK	
SK		NC		두산		한화		롯데
	한화		NC		롯데		두산	
		기아		넥센		삼성		

● **구단 이름**

기아 타이거즈 · 넥센 히어로즈
두산 베어스 · 롯데 자이언츠
삼성 라이온즈 · 한화 이글스
LG 트윈스 · NC 다이노스 · SK 와이번스

BASEBALL
SUDOKU

- No.　025
- Date
- Time

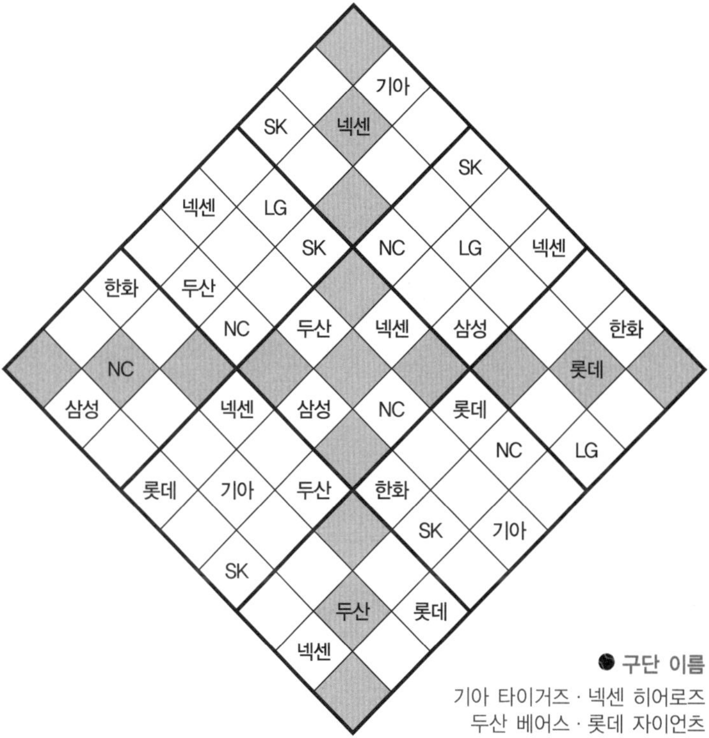

● 구단 이름

기아 타이거즈 · 넥센 히어로즈
두산 베어스 · 롯데 자이언츠
삼성 라이온즈 · 한화 이글스
LG 트윈스 · NC 다이노스 · SK 와이번스

BASEBALL
SUDOKU

- No.   026
- Date
- Time

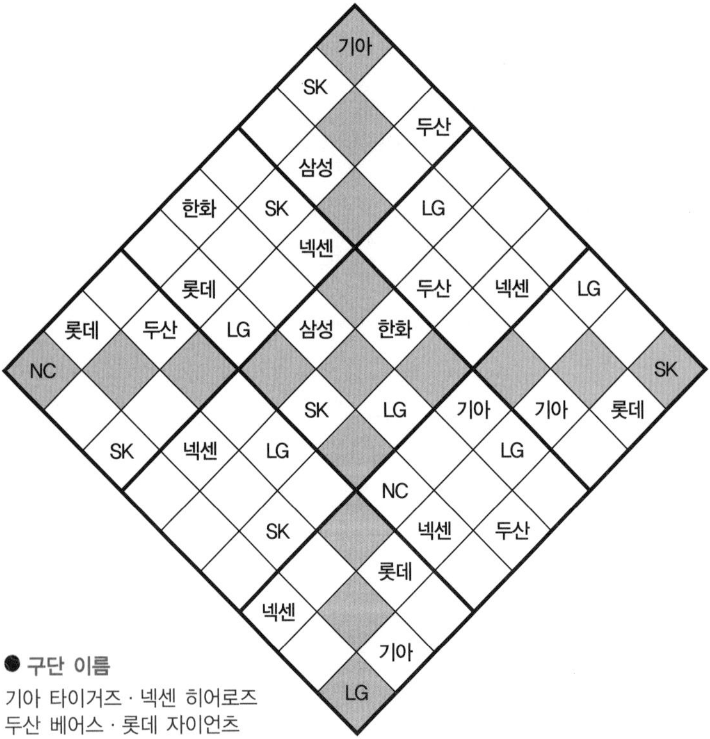

● 구단 이름

기아 타이거즈 · 넥센 히어로즈
두산 베어스 · 롯데 자이언츠
삼성 라이온즈 · 한화 이글스
LG 트윈스 · NC 다이노스 · SK 와이번스

BASEBALL
SUDOKU

- No.   027
- Date
- Time

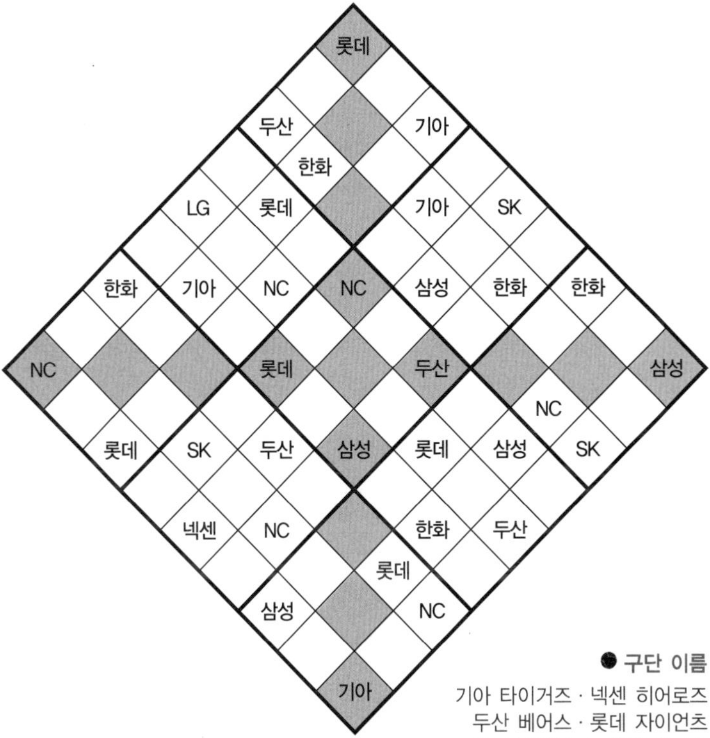

● 구단 이름

기아 타이거즈 · 넥센 히어로즈
두산 베어스 · 롯데 자이언츠
삼성 라이온즈 · 한화 이글스
LG 트윈스 · NC 다이노스 · SK 와이번스

• No.　　028

• Date

• Time

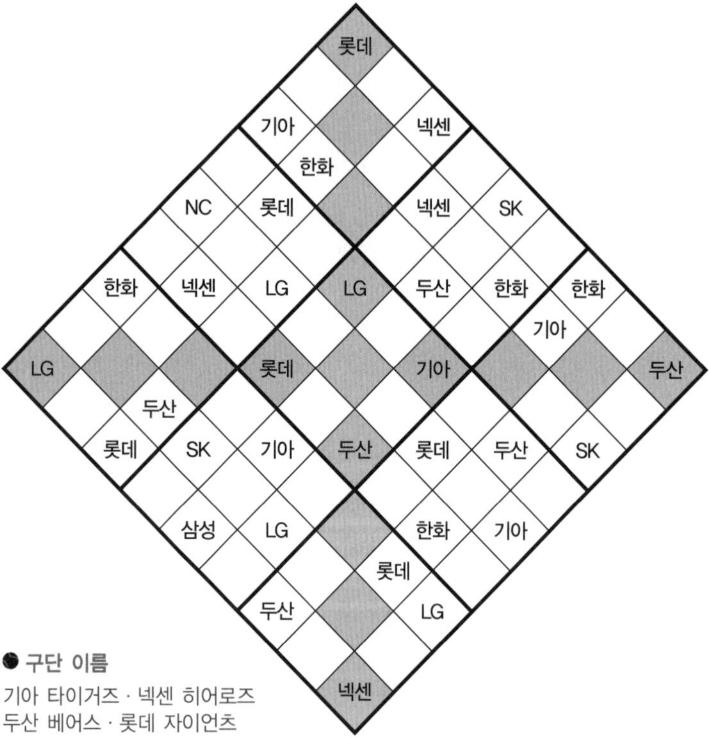

● 구단 이름

기아 타이거즈 · 넥센 히어로즈
두산 베어스 · 롯데 자이언츠
삼성 라이온즈 · 한화 이글스
LG 트윈스 · NC 다이노스 · SK 와이번스

BASEBALL
SUDOKU

- No.　　029
- Date
- Time

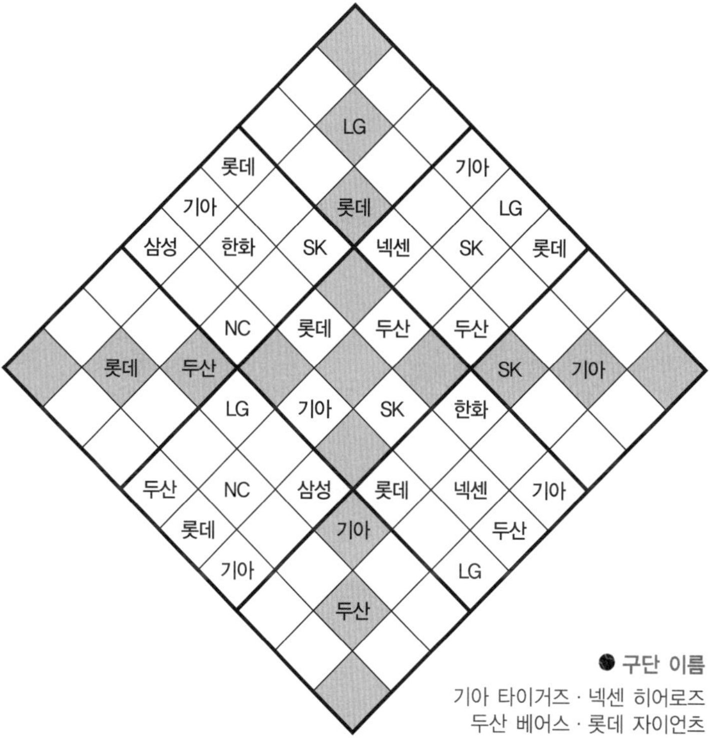

구단 이름

기아 타이거즈 · 넥센 히어로즈
두산 베어스 · 롯데 자이언츠
삼성 라이온즈 · 한화 이글스
LG 트윈스 · NC 다이노스 · SK 와이번스

41

BASEBALL
SUDOKU

- No.　　　030
- Date
- Time

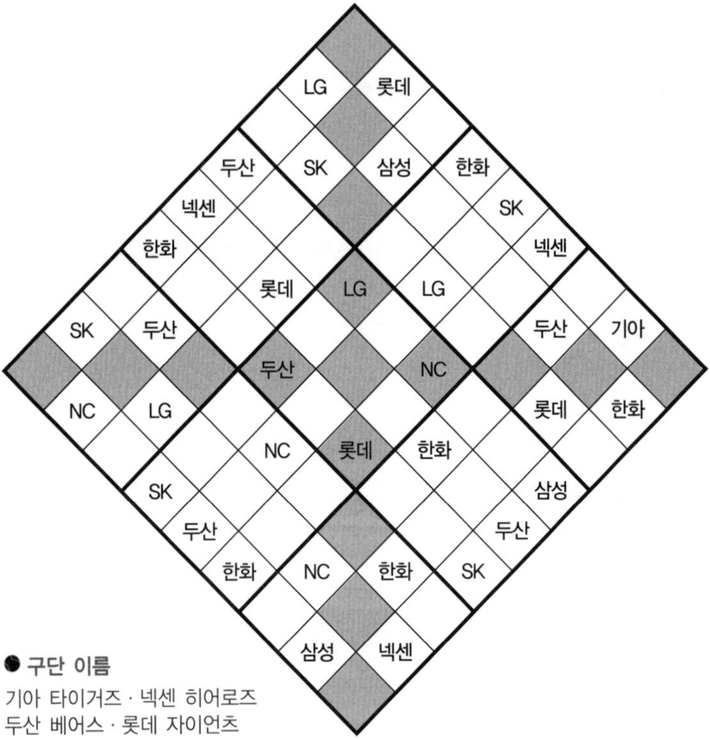

● 구단 이름

기아 타이거즈 · 넥센 히어로즈
두산 베어스 · 롯데 자이언츠
삼성 라이온즈 · 한화 이글스
LG 트윈스 · NC 다이노스 · SK 와이번스

BASEBALL
SUDOKU

- No.   031
- Date
- Time

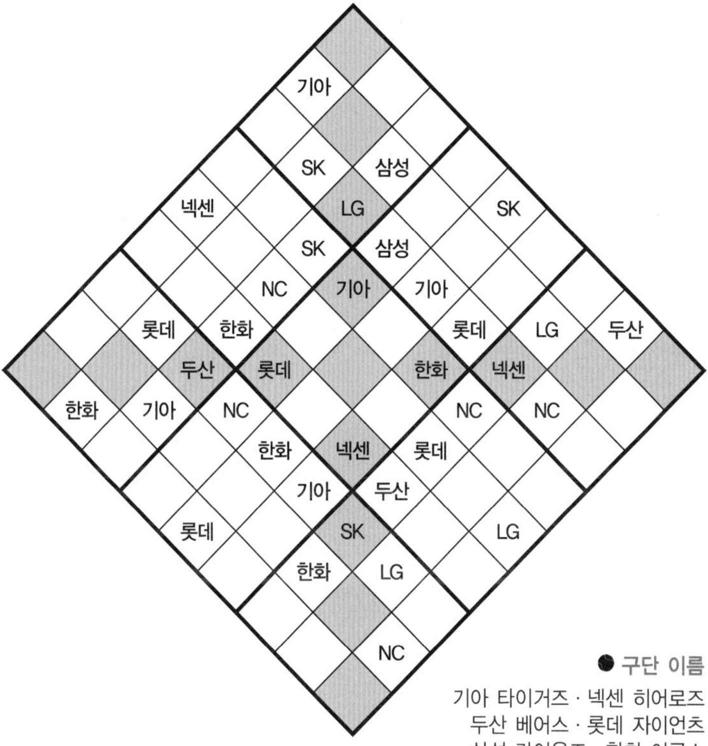

● 구단 이름

기아 타이거즈 · 넥센 히어로즈
두산 베어스 · 롯데 자이언츠
삼성 라이온즈 · 한화 이글스
LG 트윈스 · NC 다이노스 · SK 와이번스

BASEBALL
SUDOKU

- No.   032
- Date
- Time

● 구단 이름

기아 타이거즈 · 넥센 히어로즈
두산 베어스 · 롯데 자이언츠
삼성 라이온즈 · 한화 이글스
LG 트윈스 · NC 다이노스 · SK 와이번스

BASEBALL
SUDOKU

- No.   033
- Date
- Time

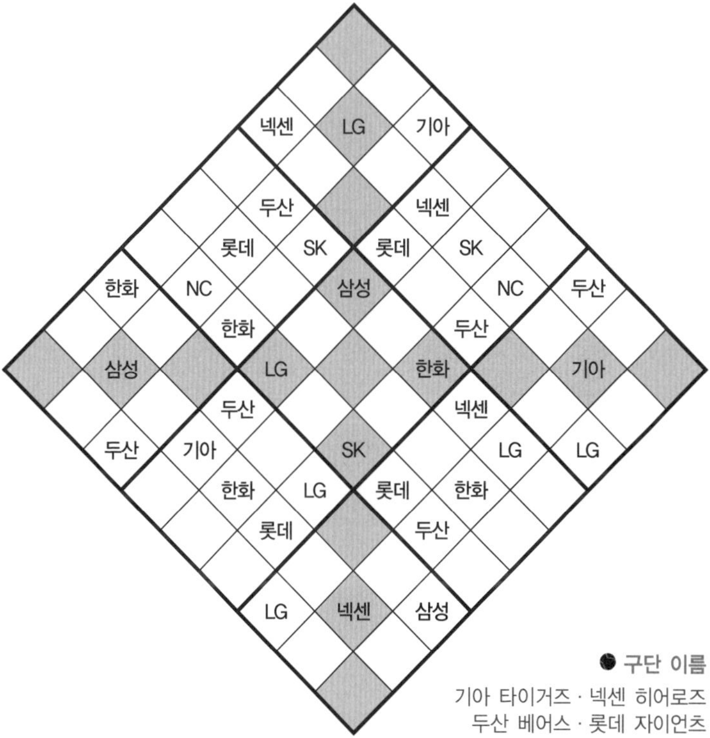

넥센	LG	기아
	두산	넥센
롯데	SK	롯데	SK
한화	NC	삼성	NC	두산
	한화		두산	
삼성	LG	한화	기아
	두산	넥센	
두산	기아	SK	LG	LG
	한화	LG	롯데	한화
	롯데	두산	
	LG	넥센	삼성

● 구단 이름

기아 타이거즈 · 넥센 히어로즈
두산 베어스 · 롯데 자이언츠
삼성 라이온즈 · 한화 이글스
LG 트윈스 · NC 다이노스 · SK 와이번스

BASEBALL
SUDOKU

- No.   034
- Date
- Time

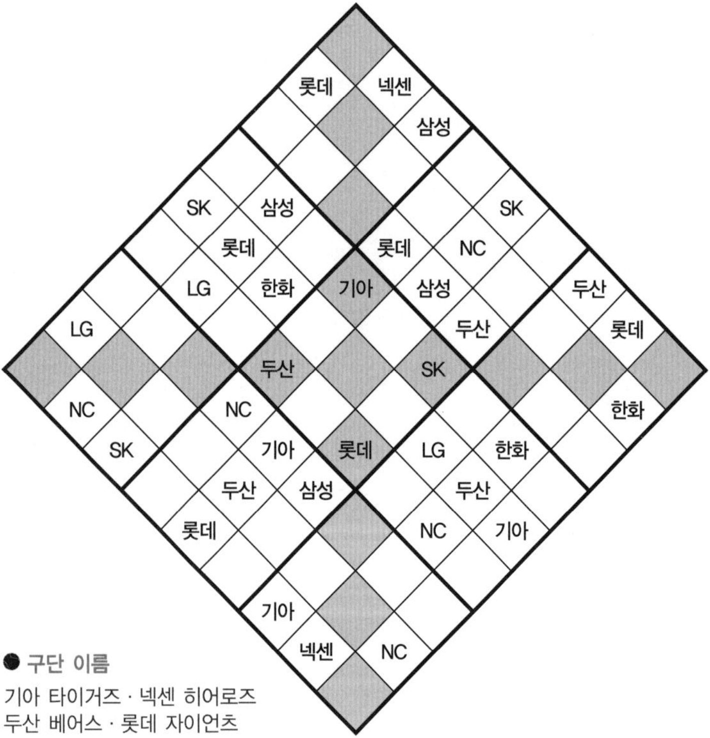

● 구단 이름

기아 타이거즈 · 넥센 히어로즈
두산 베어스 · 롯데 자이언츠
삼성 라이온즈 · 한화 이글스
LG 트윈스 · NC 다이노스 · SK 와이번스

BASEBALL
SUDOKU

- No.   035
- Date
- Time

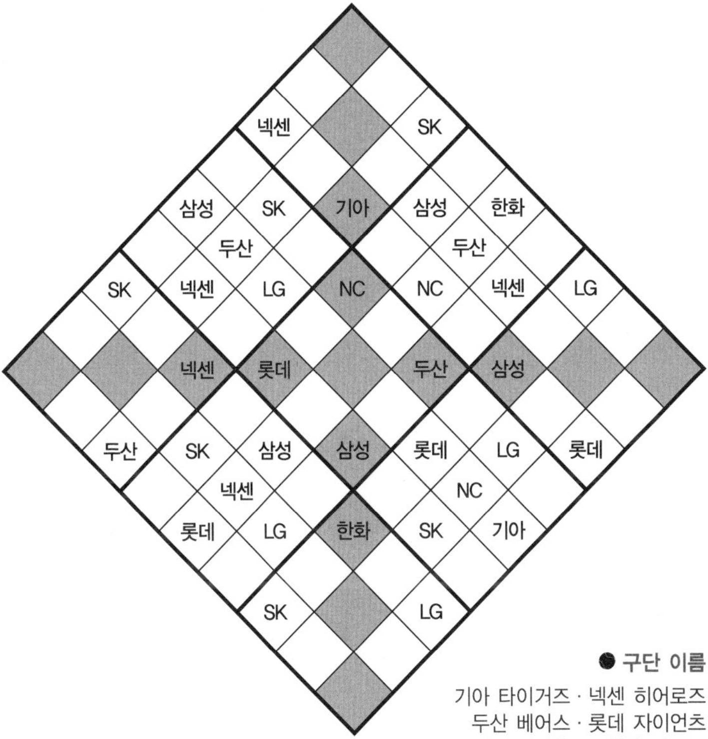

● 구단 이름

기아 타이거즈 · 넥센 히어로즈
두산 베어스 · 롯데 자이언츠
삼성 라이온즈 · 한화 이글스
LG 트윈스 · NC 다이노스 · SK 와이번스

BASEBALL
SUDOKU

- No. 036
- Date
- Time

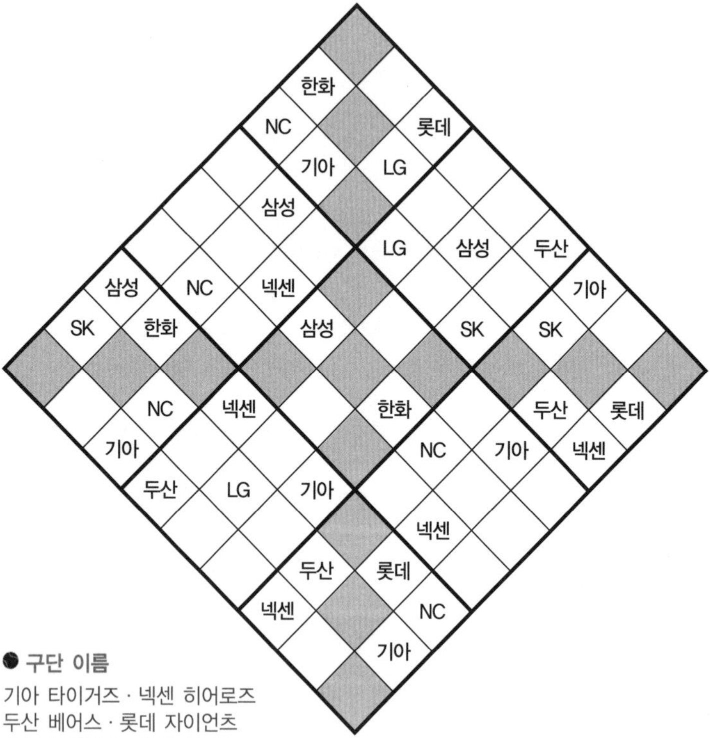

● 구단 이름

기아 타이거즈 · 넥센 히어로즈
두산 베어스 · 롯데 자이언츠
삼성 라이온즈 · 한화 이글스
LG 트윈스 · NC 다이노스 · SK 와이번스

BASEBALL
SUDOKU

- No. 037
- Date
- Time

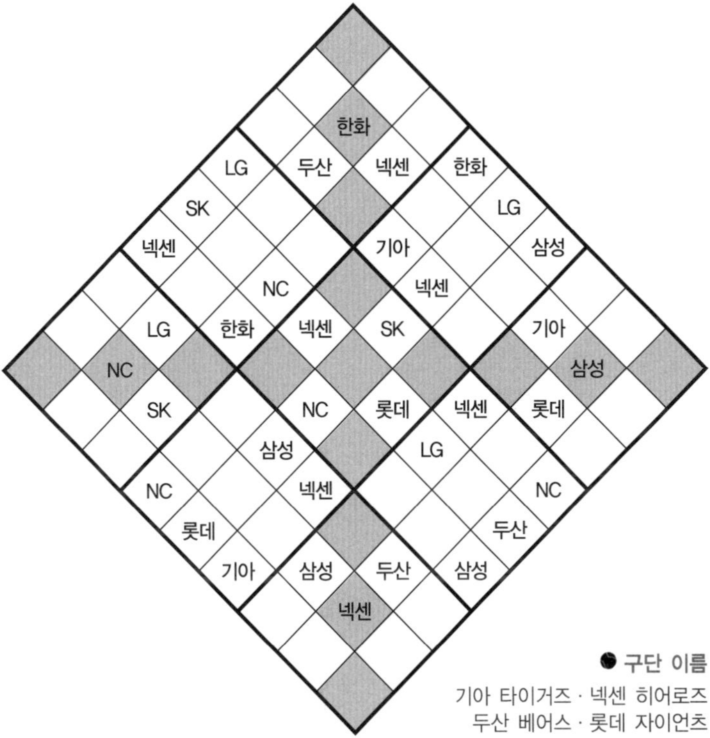

● 구단 이름

기아 타이거즈 · 넥센 히어로즈
두산 베어스 · 롯데 자이언츠
삼성 라이온즈 · 한화 이글스
LG 트윈스 · NC 다이노스 · SK 와이번스

49

BASEBALL
SUDOKU

- No.   038
- Date
- Time

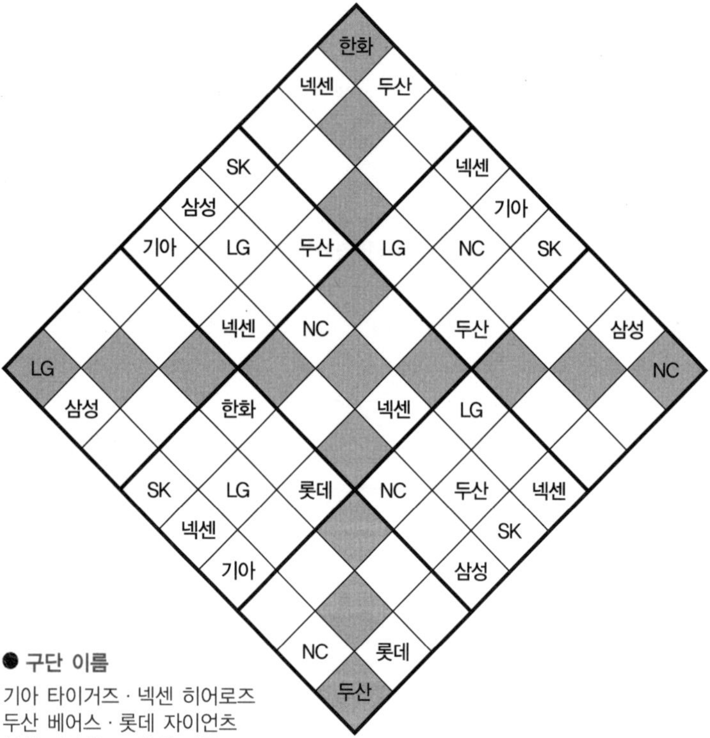

● 구단 이름

기아 타이거즈 · 넥센 히어로즈
두산 베어스 · 롯데 자이언츠
삼성 라이온즈 · 한화 이글스
LG 트윈스 · NC 다이노스 · SK 와이번스

BASEBALL
SUDOKU

- No.   039
- Date
- Time

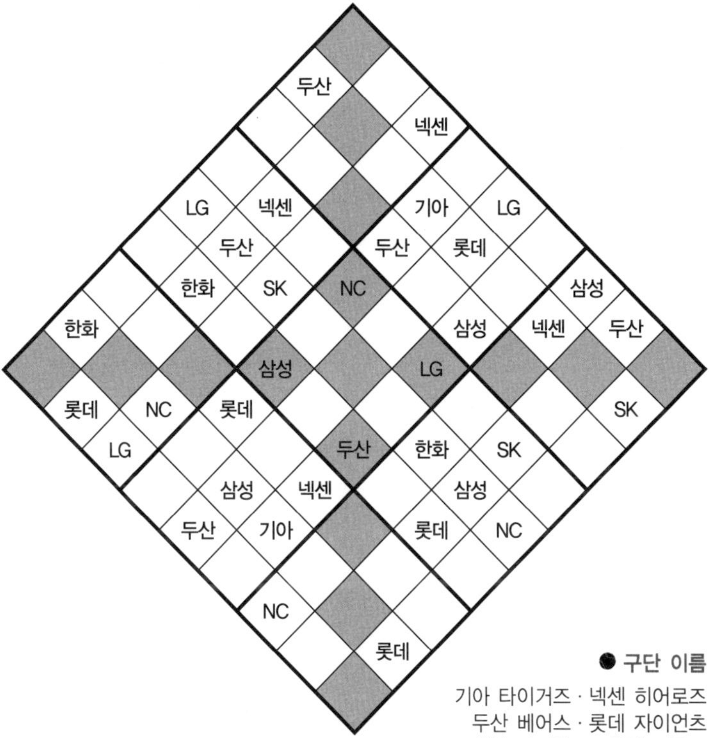

● 구단 이름

기아 타이거즈 · 넥센 히어로즈
두산 베어스 · 롯데 자이언츠
삼성 라이온즈 · 한화 이글스
LG 트윈스 · NC 다이노스 · SK 와이번스

BASEBALL
SUDOKU

- No.   040
- Date
- Time

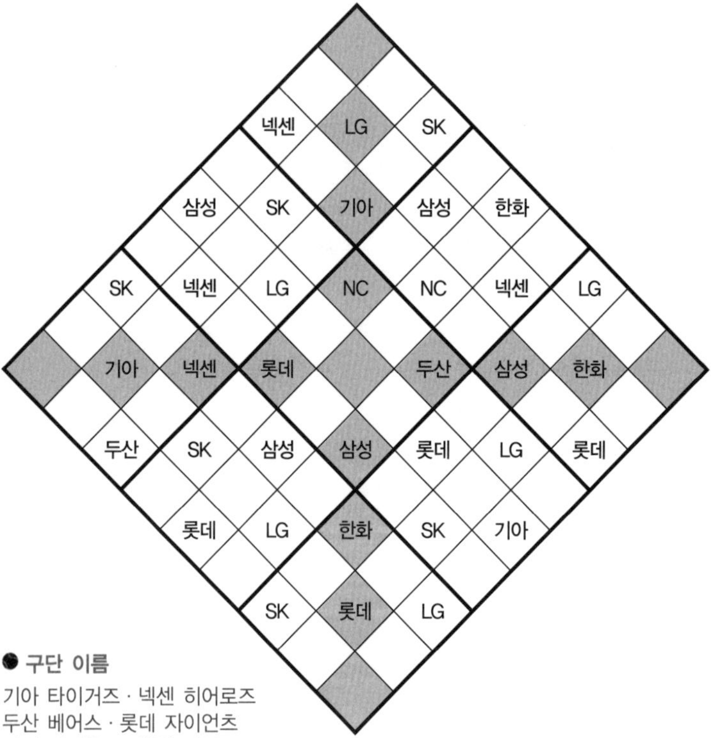

● **구단 이름**

기아 타이거즈 · 넥센 히어로즈
두산 베어스 · 롯데 자이언츠
삼성 라이온즈 · 한화 이글스
LG 트윈스 · NC 다이노스 · SK 와이번스

BASEBALL
SUDOKU

- No.   041
- Date
- Time

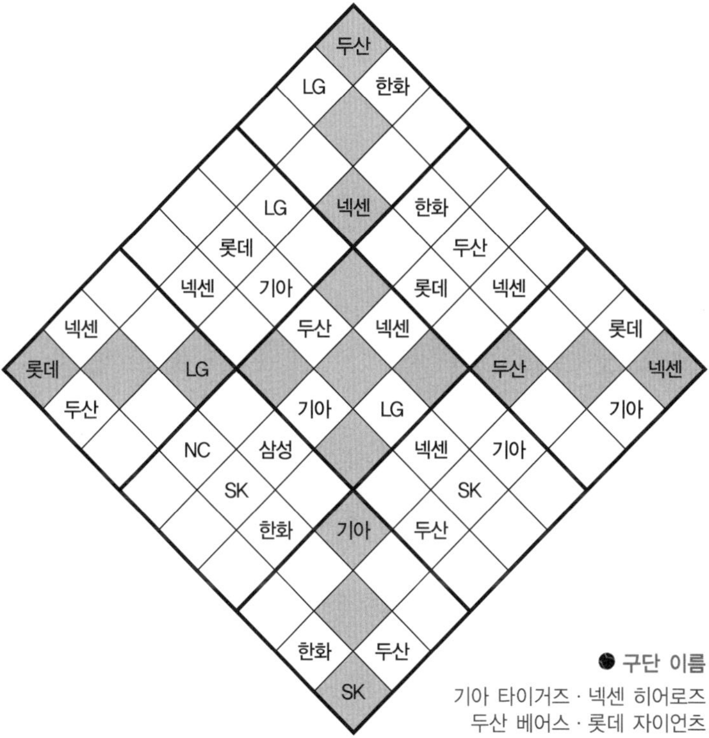

구단 이름

기아 타이거즈 · 넥센 히어로즈
두산 베어스 · 롯데 자이언츠
삼성 라이온즈 · 한화 이글스
LG 트윈스 · NC 다이노스 · SK 와이번스

BASEBALL
SUDOKU

- **No.** 042
- **Date**
- **Time**

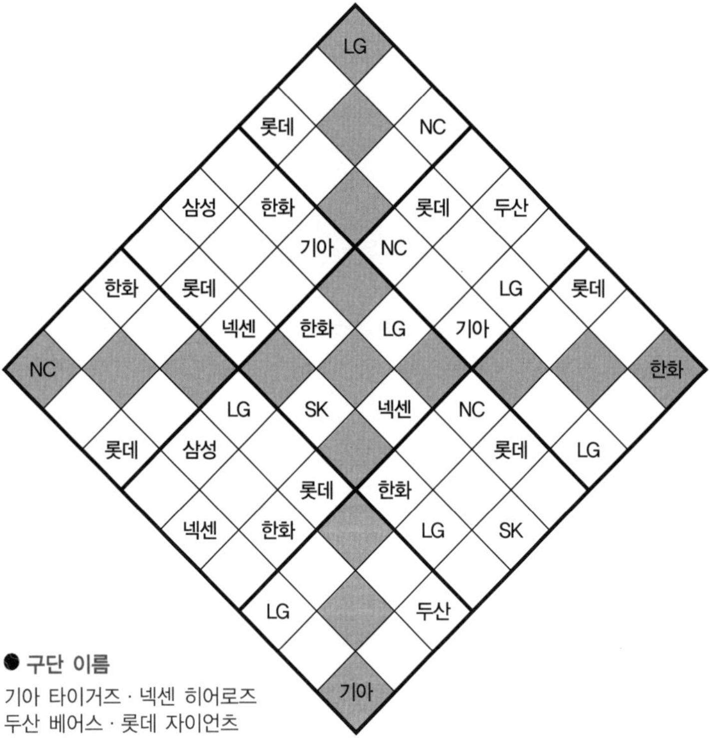

			LG		
롯데				NC	
삼성	한화		롯데	두산	
	기아	NC			
한화	롯데		LG	롯데	
	넥센	한화	LG	기아	
NC					한화
	LG	SK	넥센	NC	
롯데	삼성			롯데	LG
		롯데	한화		
넥센	한화		LG	SK	
	LG		두산		
		기아			

● **구단 이름**

기아 타이거즈 · 넥센 히어로즈
두산 베어스 · 롯데 자이언츠
삼성 라이온즈 · 한화 이글스
LG 트윈스 · NC 다이노스 · SK 와이번스

BASEBALL
SUDOKU

- No.   043
- Date
- Time

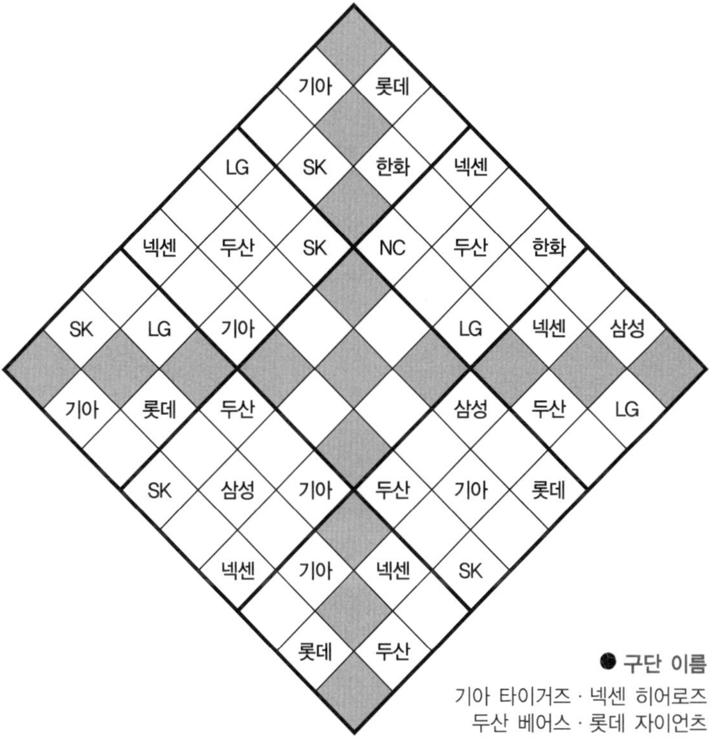

기아 | 롯데
LG | SK | 한화 | 넥센
넥센 | 두산 | SK | NC | 두산 | 한화
SK | LG | 기아 | | LG | 넥센 | 삼성
기아 | 롯데 | 두산 | | 삼성 | 두산 | LG
SK | 삼성 | 기아 | 두산 | 기아 | 롯데
넥센 | 기아 | 넥센 | SK
롯데 | 두산

● 구단 이름

기아 타이거즈 · 넥센 히어로즈
두산 베어스 · 롯데 자이언츠
삼성 라이온즈 · 한화 이글스
LG 트윈스 · NC 다이노스 · SK 와이번스

BASEBALL
SUDOKU

- No.　　044
- Date
- Time

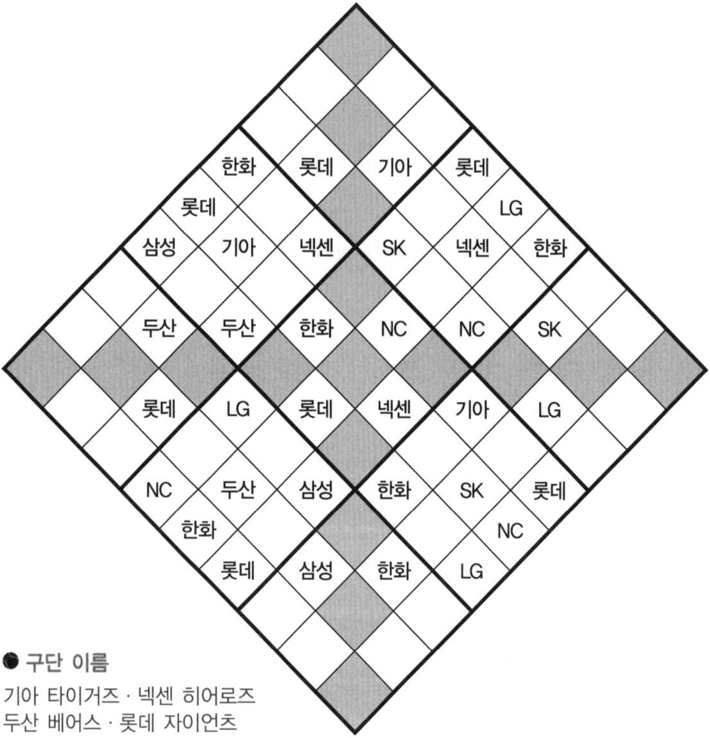

● 구단 이름

기아 타이거즈 · 넥센 히어로즈
두산 베어스 · 롯데 자이언츠
삼성 라이온즈 · 한화 이글스
LG 트윈스 · NC 다이노스 · SK 와이번스

BASEBALL
SUDOKU

- No.   045
- Date
- Time

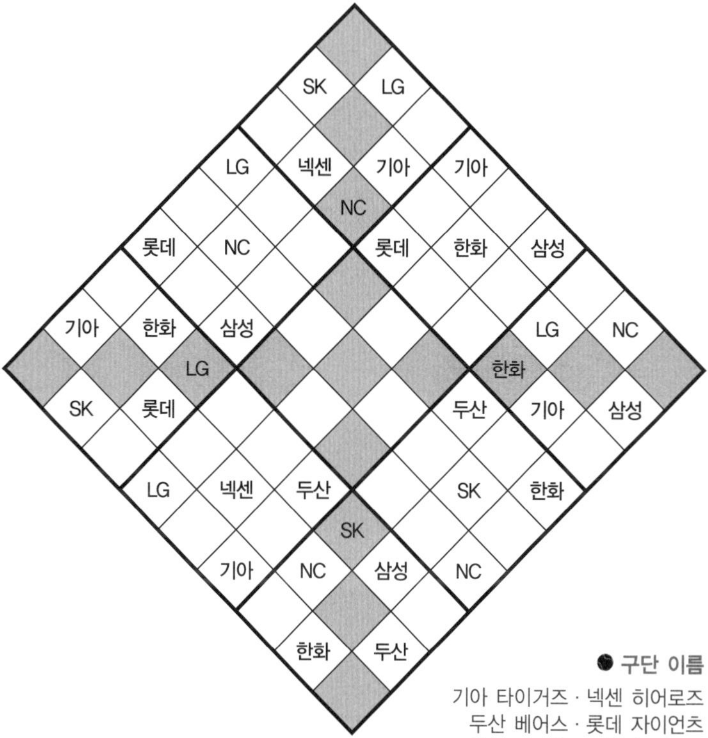

● 구단 이름

기아 타이거즈 · 넥센 히어로즈
두산 베어스 · 롯데 자이언츠
삼성 라이온즈 · 한화 이글스
LG 트윈스 · NC 다이노스 · SK 와이번스

BASEBALL
SUDOKU

- No.   046
- Date
- Time

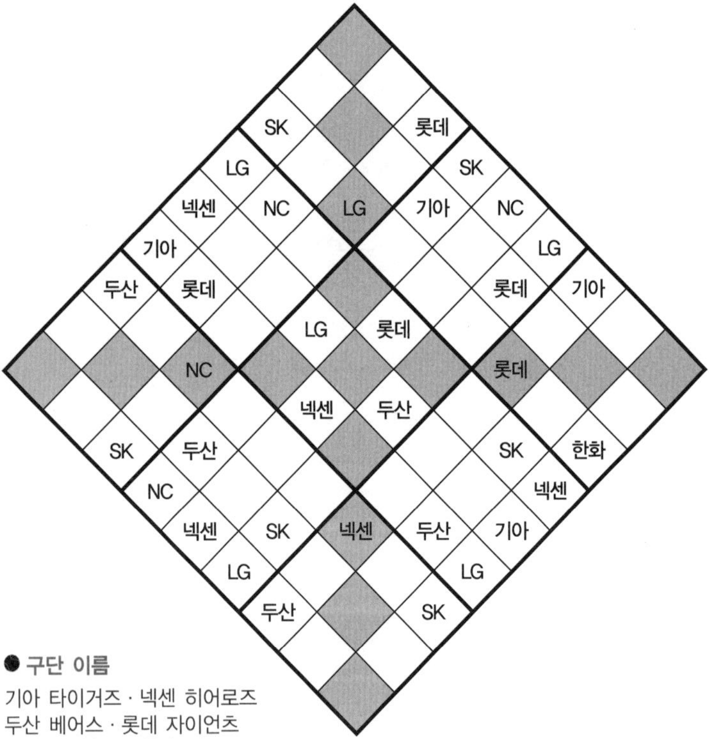

● 구단 이름

기아 타이거즈 · 넥센 히어로즈
두산 베어스 · 롯데 자이언츠
삼성 라이온즈 · 한화 이글스
LG 트윈스 · NC 다이노스 · SK 와이번스

BASEBALL
SUDOKU

- No. 047
- Date
- Time

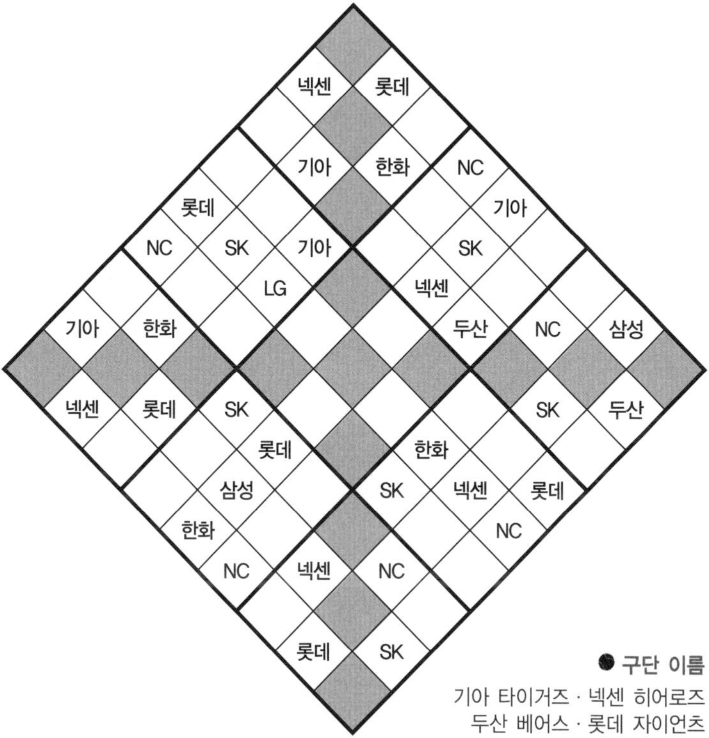

● 구단 이름

기아 타이거즈 · 넥센 히어로즈
두산 베어스 · 롯데 자이언츠
삼성 라이온즈 · 한화 이글스
LG 트윈스 · NC 다이노스 · SK 와이번스

BASEBALL
SUDOKU

- No.　　　048
- Date
- Time

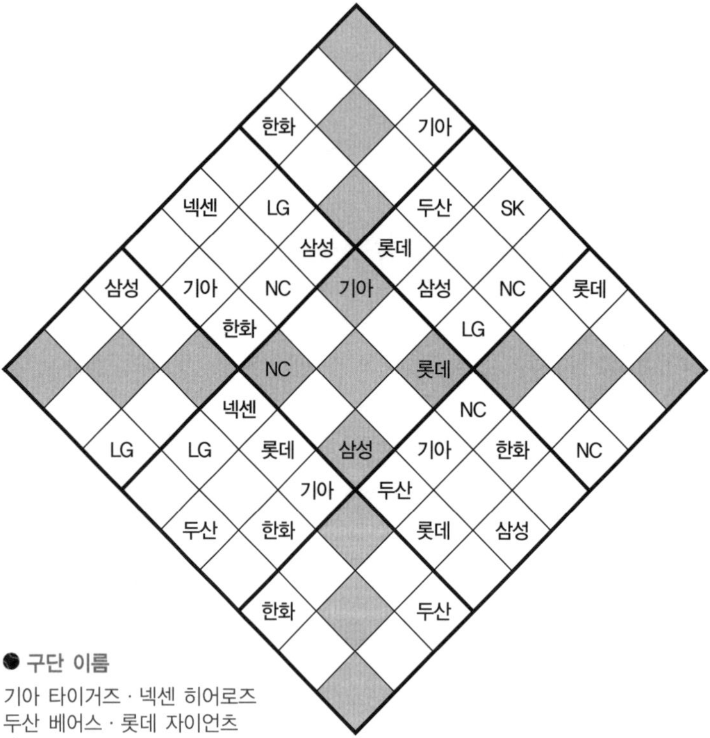

● 구단 이름

기아 타이거즈 · 넥센 히어로즈
두산 베어스 · 롯데 자이언츠
삼성 라이온즈 · 한화 이글스
LG 트윈스 · NC 다이노스 · SK 와이번스

BASEBALL
SUDOKU

- No.   049
- Date
- Time

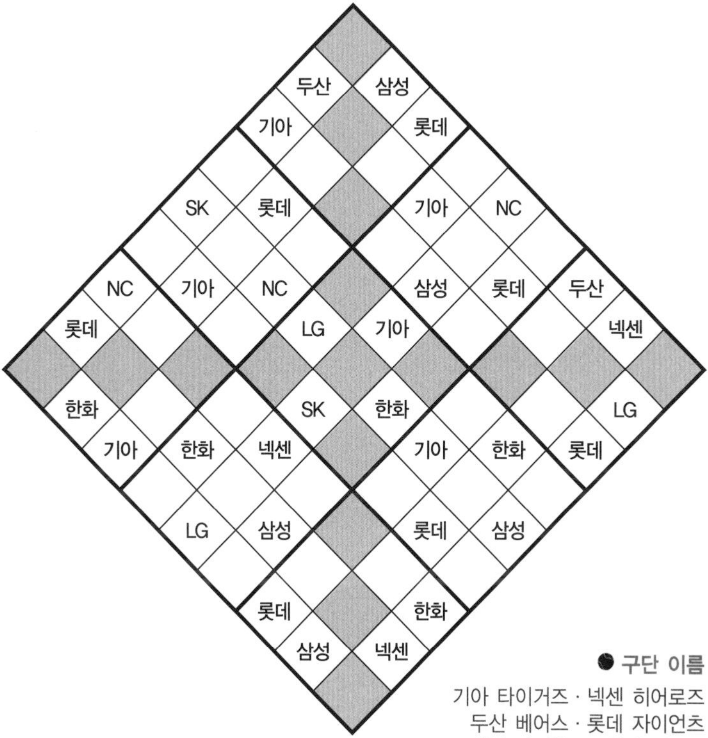

● 구단 이름

기아 타이거즈 · 넥센 히어로즈
두산 베어스 · 롯데 자이언츠
삼성 라이온즈 · 한화 이글스
LG 트윈스 · NC 다이노스 · SK 와이번스

BASEBALL
SUDOKU

- No.   050
- Date
- Time

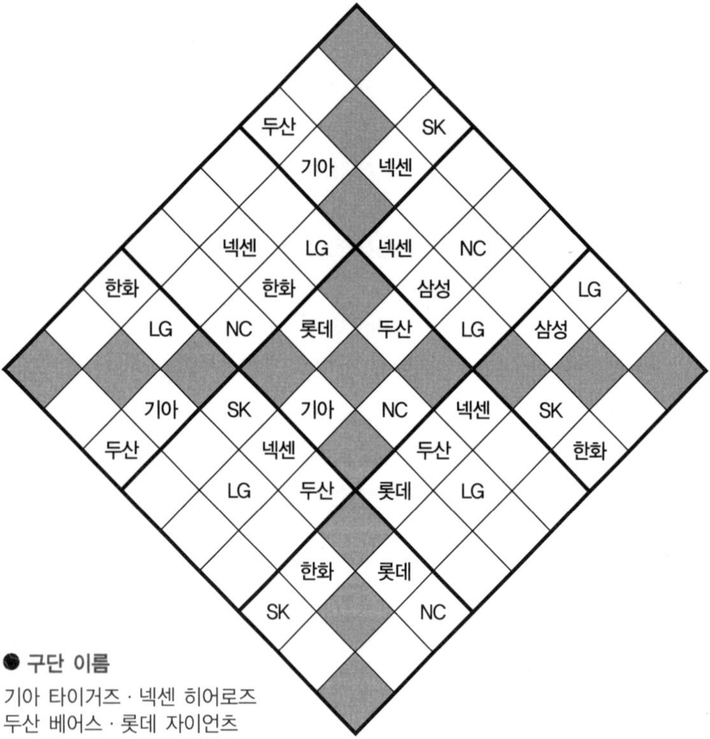

● 구단 이름

기아 타이거즈 · 넥센 히어로즈
두산 베어스 · 롯데 자이언츠
삼성 라이온즈 · 한화 이글스
LG 트윈스 · NC 다이노스 · SK 와이번스

BASEBALL
SUDOKU

- No.   051
- Date
- Time

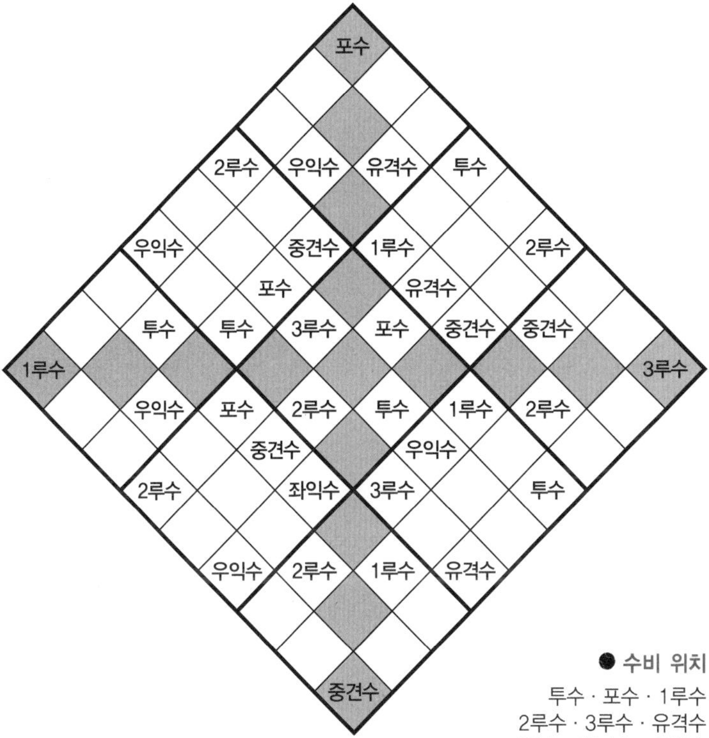

포수

2루수 · 우익수 · 유격수 · 투수

우익수 · 중견수 · 1루수 · 2루수

포수 · 유격수

투수 · 투수 · 3루수 · 포수 · 중견수 · 중견수

1루수 · 3루수

우익수 · 포수 · 2루수 · 투수 · 1루수 · 2루수

중견수 · 우익수

2루수 · 좌익수 · 3루수 · 투수

우익수 · 2루수 · 1루수 · 유격수

중견수

● 수비 위치

투수 · 포수 · 1루수
2루수 · 3루수 · 유격수
좌익수 · 중견수 · 우익수

BASEBALL
SUDOKU

- No.   052
- Date
- Time

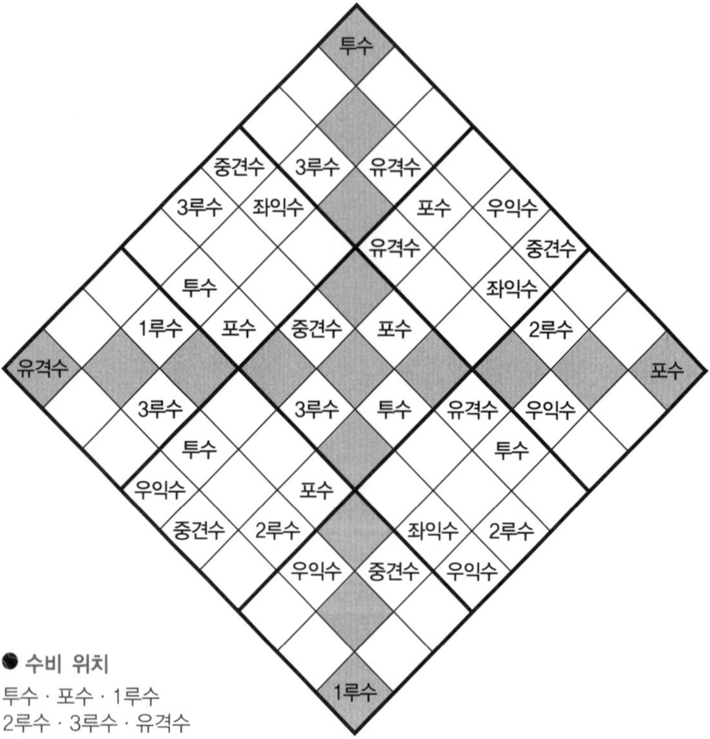

● 수비 위치

투수 · 포수 · 1루수
2루수 · 3루수 · 유격수
좌익수 · 중견수 · 우익수

BASEBALL
SUDOKU

- No.   053
- Date
- Time

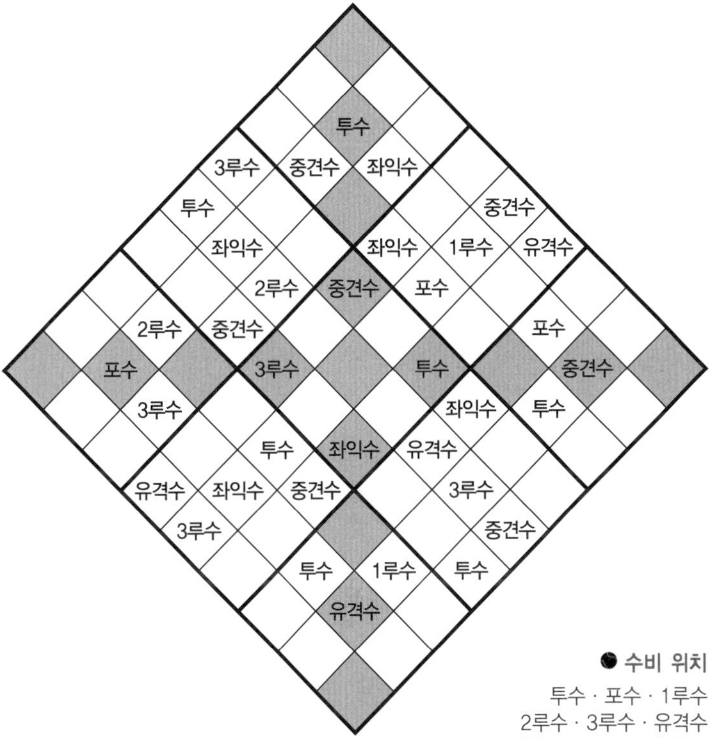

투수
3루수 중견수 좌익수
투수 중견수
좌익수 좌익수 1루수 유격수
2루수 중견수 포수
2루수 중견수 포수
포수 3루수 투수 중견수
3루수 좌익수 투수
투수 좌익수 유격수
유격수 좌익수 중견수 3루수
3루수 중견수
투수 1루수 투수
유격수

● 수비 위치
투수 · 포수 · 1루수
2루수 · 3루수 · 유격수
좌익수 · 중견수 · 우익수

BASEBALL
SUDOKU

- **No.** 054
- **Date**
- **Time**

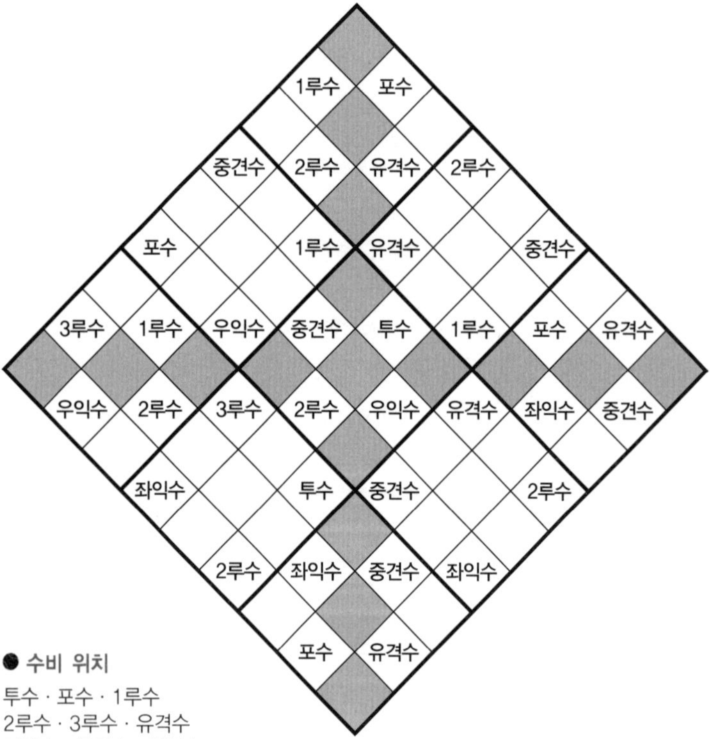

● 수비 위치

투수 · 포수 · 1루수
2루수 · 3루수 · 유격수
좌익수 · 중견수 · 우익수

BASEBALL
SUDOKU

- No. 055
- Date
- Time

투수
중견수 1루수
2루수 유격수
우익수 좌익수 중견수 2루수
포수 중견수 2루수 좌익수 우익수 1루수 1루수 2루수
우익수 중견수
좌익수 3루수 우익수 1루수 3루수 포수 포수 투수
중견수 투수 유격수 투수
투수 3루수
유격수 우익수
2루수

● 수비 위치

투수 · 포수 · 1루수
2루수 · 3루수 · 유격수
좌익수 · 중견수 · 우익수

BASEBALL
SUDOKU

- No.   056
- Date
- Time

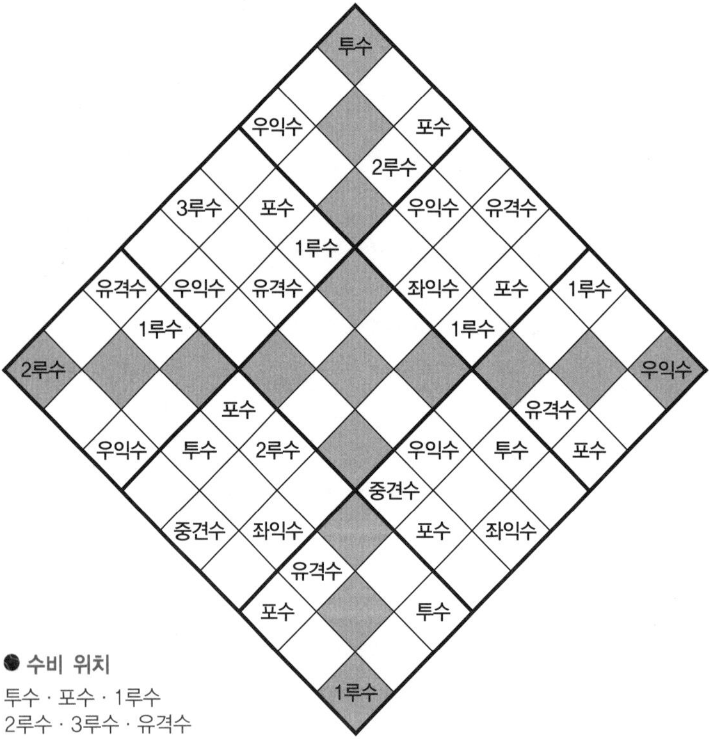

● 수비 위치

투수 · 포수 · 1루수
2루수 · 3루수 · 유격수
좌익수 · 중견수 · 우익수

BASEBALL
SUDOKU

• No.　　057

• Date

• Time

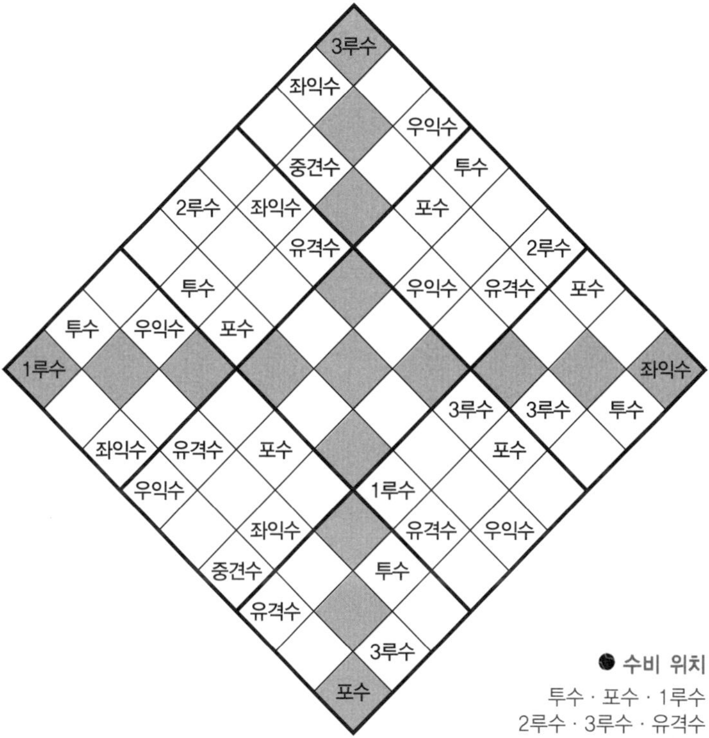

🏴 수비 위치

투수 · 포수 · 1루수
2루수 · 3루수 · 유격수
좌익수 · 중견수 · 우익수

BASEBALL
SUDOKU

- No.　　　058
- Date
- Time

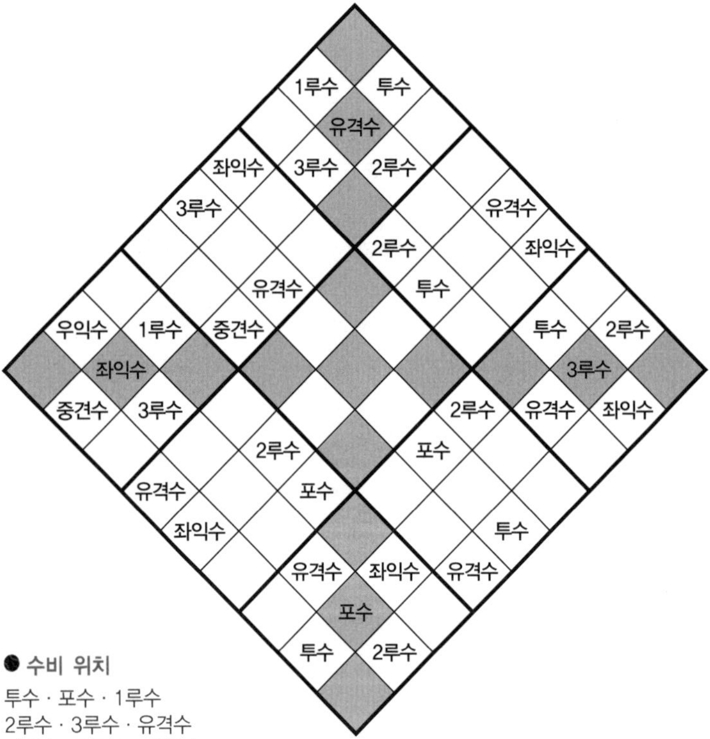

● 수비 위치

투수 · 포수 · 1루수
2루수 · 3루수 · 유격수
좌익수 · 중견수 · 우익수

BASEBALL
SUDOKU

- No.   059
- Date
- Time

3루수	1루수

유격수	우익수

우익수	중견수	포수		2루수

좌익수		3루수	유격수

3루수			

유격수	우익수		중견수	투수	포수

2루수			우익수		

포수	좌익수	좌익수		2루수	좌익수

	3루수

1루수	유격수	유격수

투수	1루수	1루수	포수

포수	투수

좌익수	2루수

● 수비 위치

투수 · 포수 · 1루수
2루수 · 3루수 · 유격수
좌익수 · 중견수 · 우익수

- No.　　　060
- Date
- Time

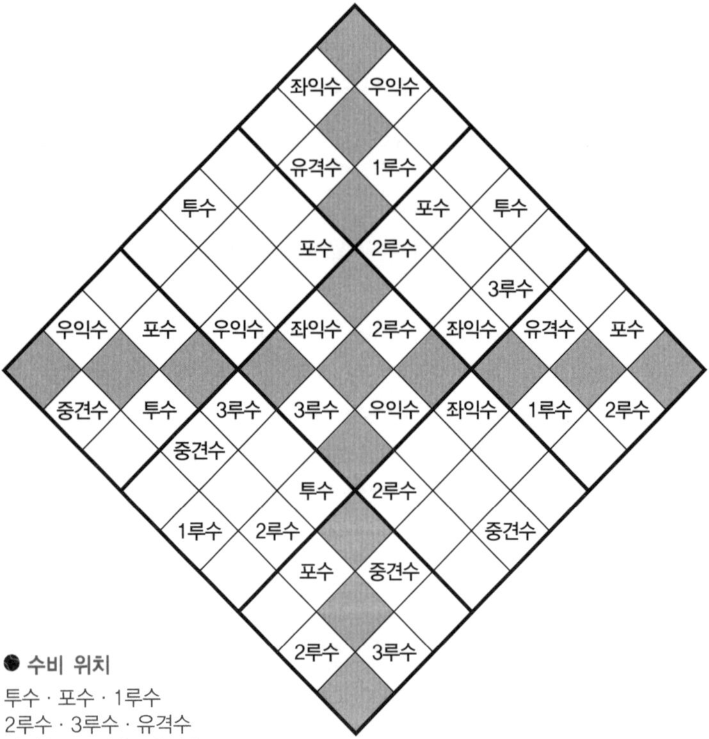

좌익수 · 우익수 · 유격수 · 1루수 · 투수 · 포수 · 투수 · 포수 · 2루수 · 3루수 · 우익수 · 포수 · 우익수 · 좌익수 · 2루수 · 좌익수 · 유격수 · 포수 · 중견수 · 투수 · 3루수 · 3루수 · 우익수 · 좌익수 · 1루수 · 2루수 · 중견수 · 투수 · 2루수 · 중견수 · 1루수 · 2루수 · 포수 · 중견수 · 2루수 · 3루수

● 수비 위치

투수 · 포수 · 1루수
2루수 · 3루수 · 유격수
좌익수 · 중견수 · 우익수

BASEBALL
SUDOKU

- No. 061
- Date
- Time

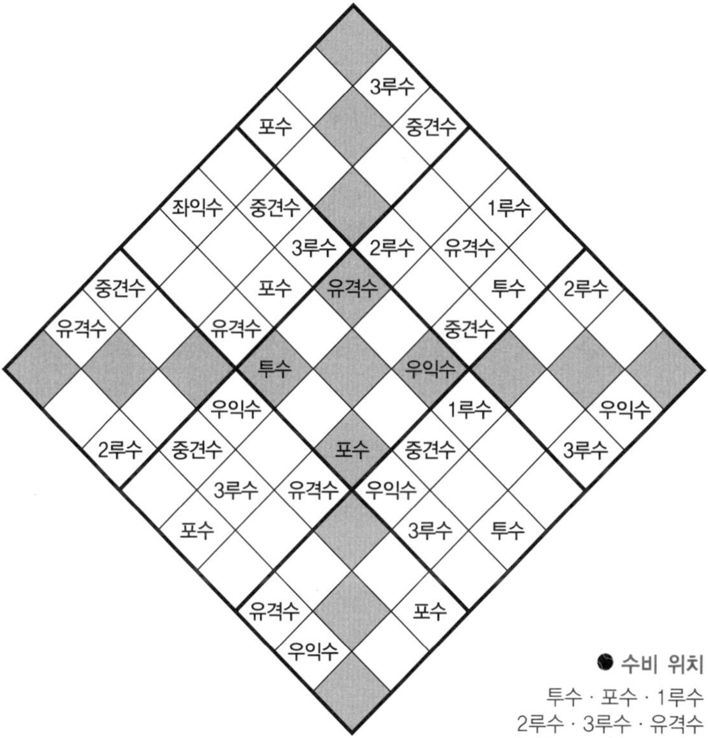

● 수비 위치

투수 · 포수 · 1루수
2루수 · 3루수 · 유격수
좌익수 · 중견수 · 우익수

- No. 062
- Date
- Time

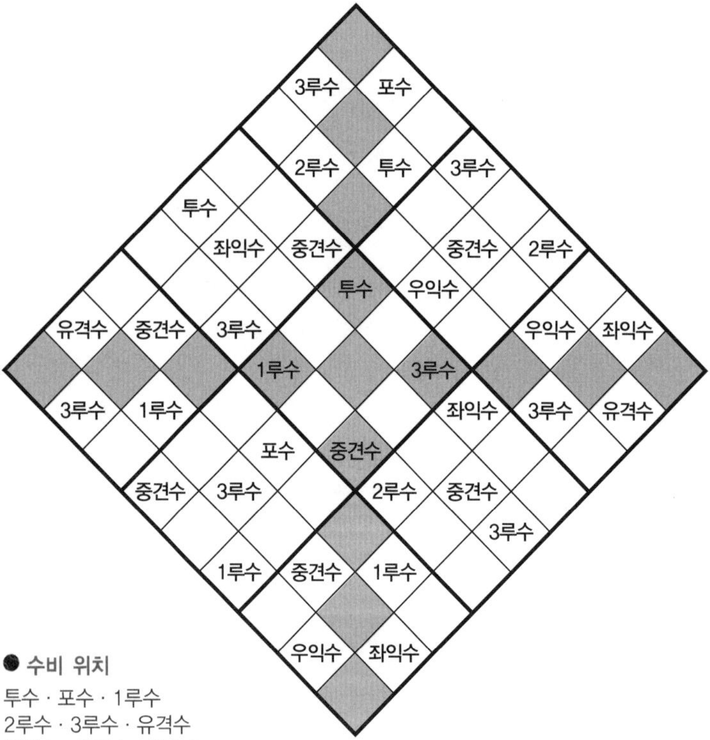

3루수 · 포수
2루수 · 투수 · 3루수
투수
좌익수 · 중견수 · 중견수 · 2루수
투수 · 우익수
유격수 · 중견수 · 3루수 · 우익수 · 좌익수
1루수 · 3루수
3루수 · 1루수 · 좌익수 · 3루수 · 유격수
포수 · 중견수
중견수 · 3루수 · 2루수 · 중견수
3루수
1루수 · 중견수 · 1루수
우익수 · 좌익수

● 수비 위치
투수 · 포수 · 1루수
2루수 · 3루수 · 유격수
좌익수 · 중견수 · 우익수

BASEBALL
SUDOKU

- No.   063
- Date
- Time

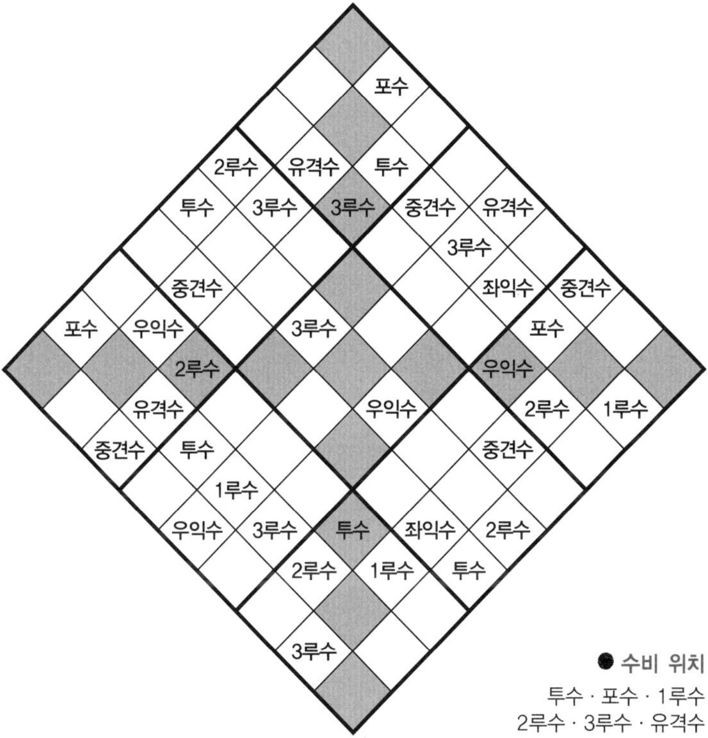

● 수비 위치

투수 · 포수 · 1루수
2루수 · 3루수 · 유격수
좌익수 · 중견수 · 우익수

BASEBALL
SUDOKU

- No. 064
- Date
- Time

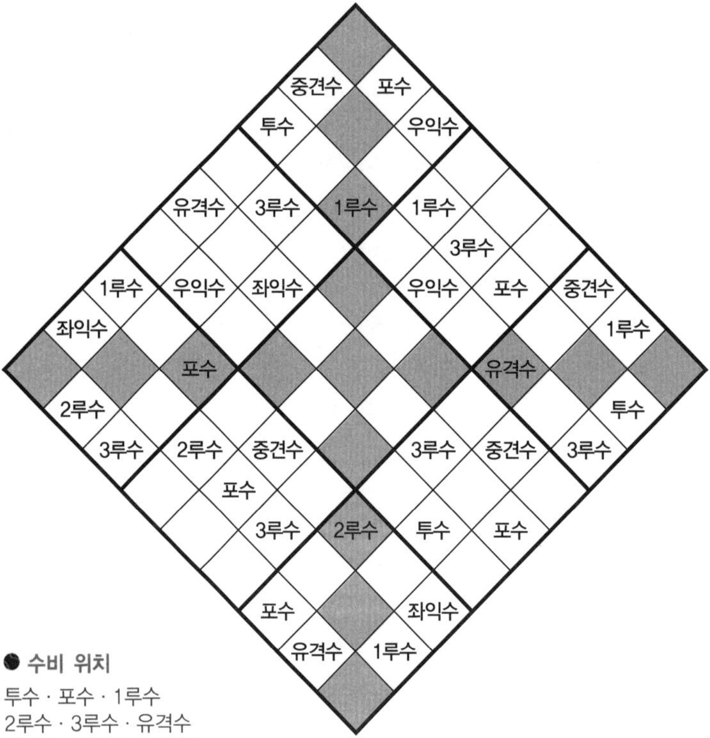

● 수비 위치

투수 · 포수 · 1루수
2루수 · 3루수 · 유격수
좌익수 · 중견수 · 우익수

BASEBALL
SUDOKU

- No.   065
- Date
- Time

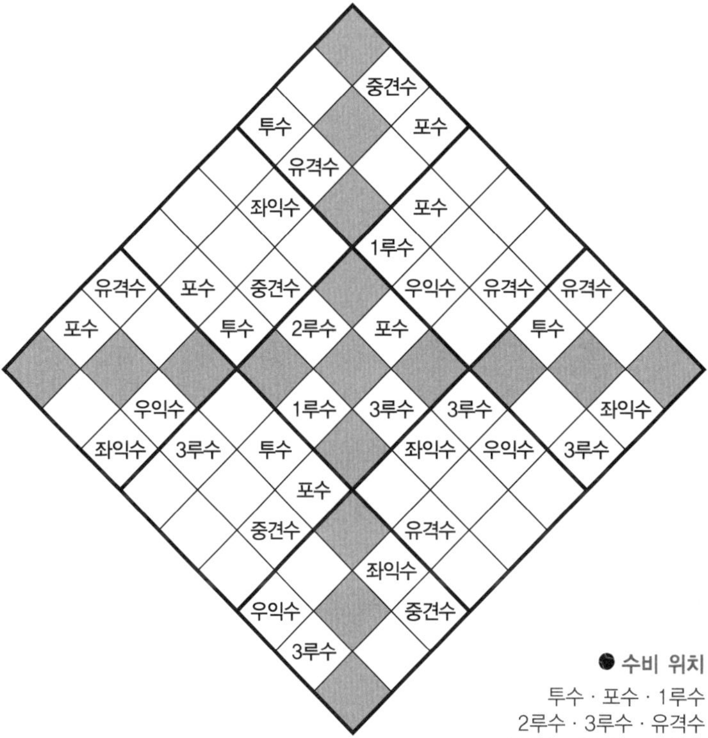

중견수
투수 포수
유격수
좌익수 포수
1루수
유격수 포수 중견수 우익수 유격수 유격수
포수 투수 2루수 포수 투수
우익수 1루수 3루수 3루수 좌익수
좌익수 3루수 투수 좌익수 우익수 3루수
포수
중견수 유격수
좌익수
우익수 중견수
3루수

BASEBALL
SUDOKU

- No.　　066
- Date
- Time

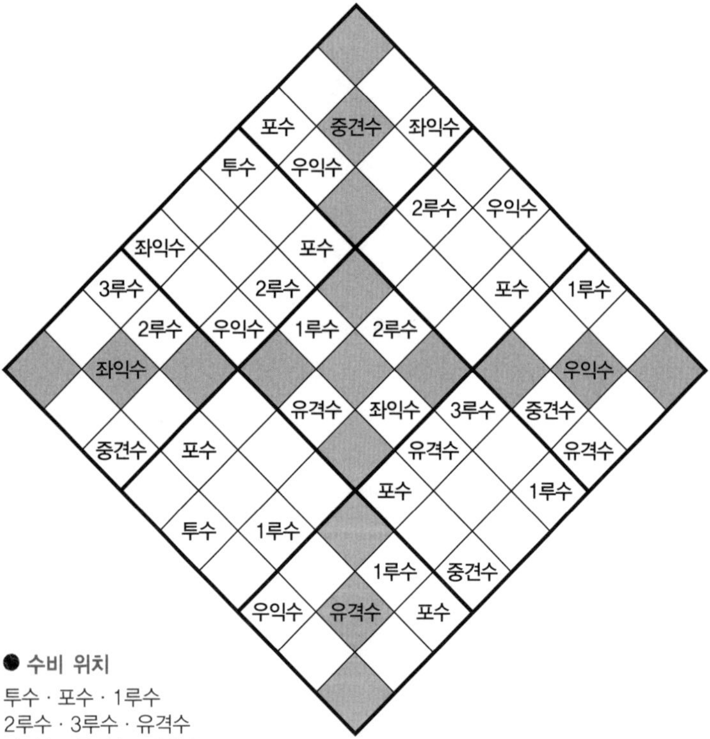

포수　중견수　좌익수
투수　우익수
2루수　우익수
좌익수　포수
3루수　2루수　포수　1루수
2루수　우익수　1루수　2루수
좌익수　우익수
유격수　좌익수　3루수　중견수
중견수　포수　유격수　유격수
포수　1루수
투수　1루수
1루수　중견수
우익수　유격수　포수

● 수비 위치

투수 · 포수 · 1루수
2루수 · 3루수 · 유격수
좌익수 · 중견수 · 우익수

BASEBALL
SUDOKU

- No. 067
- Date
- Time

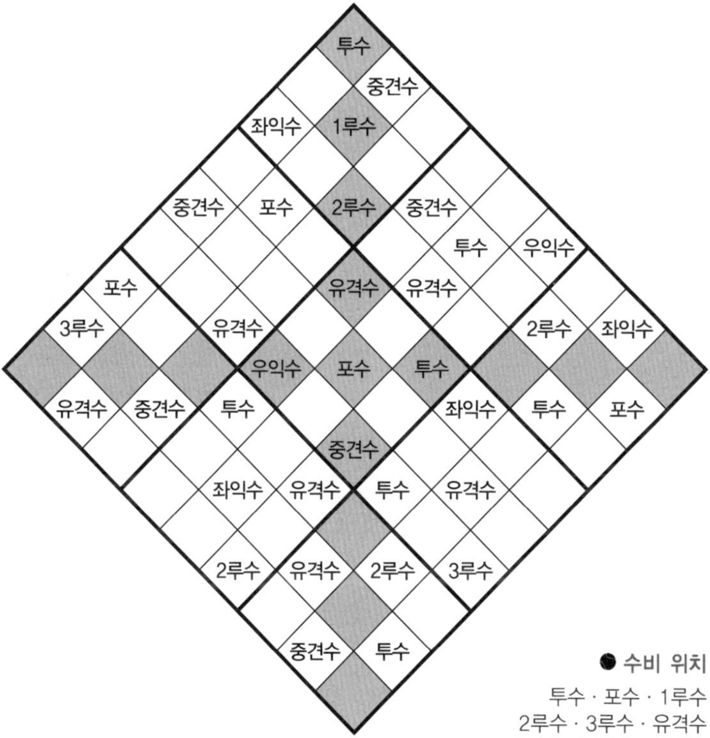

● 수비 위치

투수 · 포수 · 1루수
2루수 · 3루수 · 유격수
좌익수 · 중견수 · 우익수

BASEBALL
SUDOKU

- No.　　　068
- Date
- Time

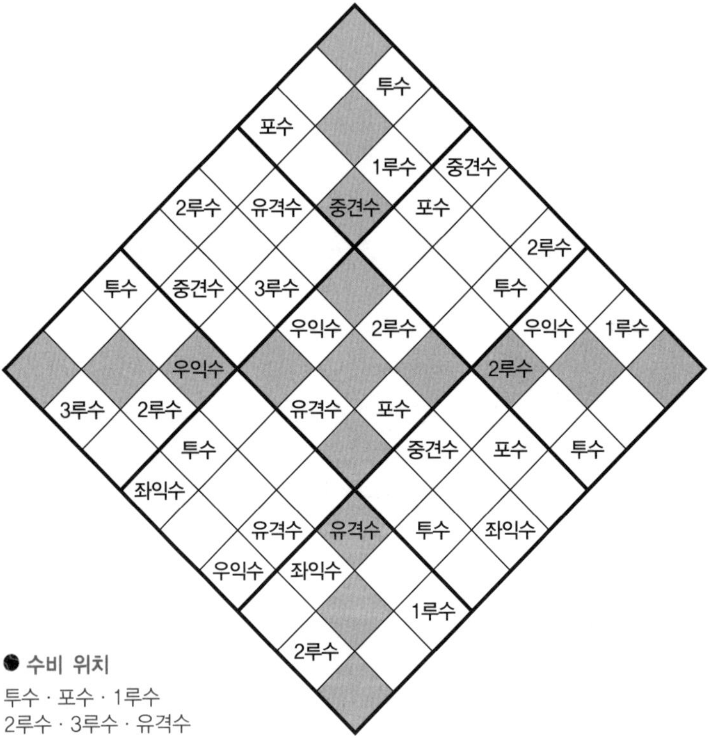

● 수비 위치

투수 · 포수 · 1루수
2루수 · 3루수 · 유격수
좌익수 · 중견수 · 우익수

80

BASEBALL
SUDOKU

- No.　069
- Date
- Time

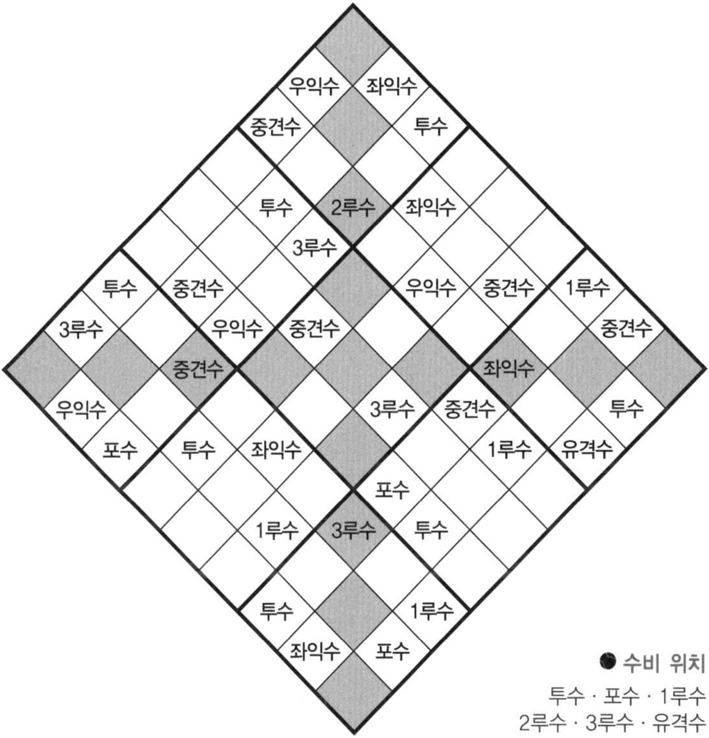

우익수　좌익수
중견수　투수
투수　2루수　좌익수
3루수
투수　중견수　우익수　중견수　1루수
3루수　우익수　중견수　중견수
중견수　좌익수
우익수　3루수　중견수
포수　투수　좌익수　1루수　유격수
포수
1루수　3루수　투수
투수　1루수
좌익수　포수

● 수비 위치

투수 · 포수 · 1루수
2루수 · 3루수 · 유격수
좌익수 · 중견수 · 우익수

81

BASEBALL
SUDOKU

- No.   070
- Date
- Time

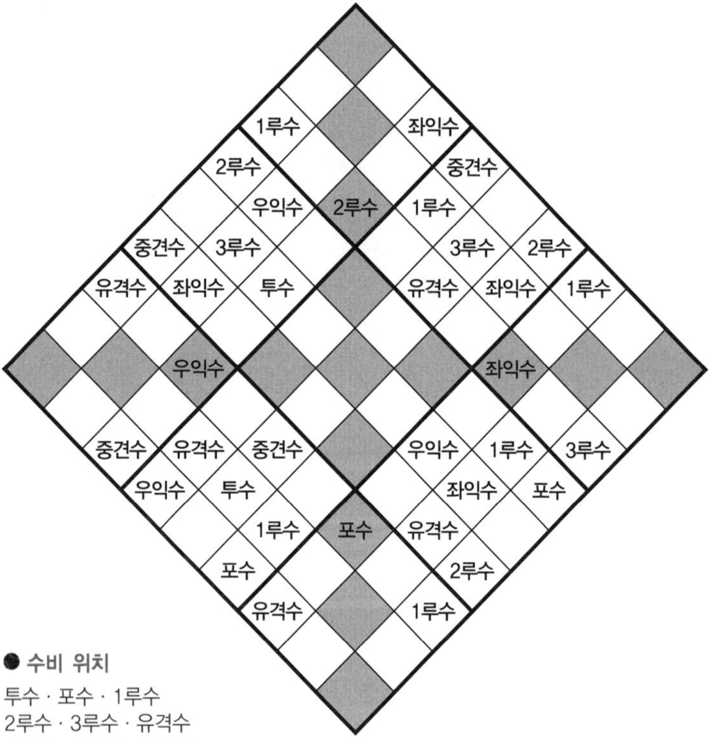

● 수비 위치

투수 · 포수 · 1루수
2루수 · 3루수 · 유격수
좌익수 · 중견수 · 우익수

BASEBALL
SUDOKU

- No.   071
- Date
- Time

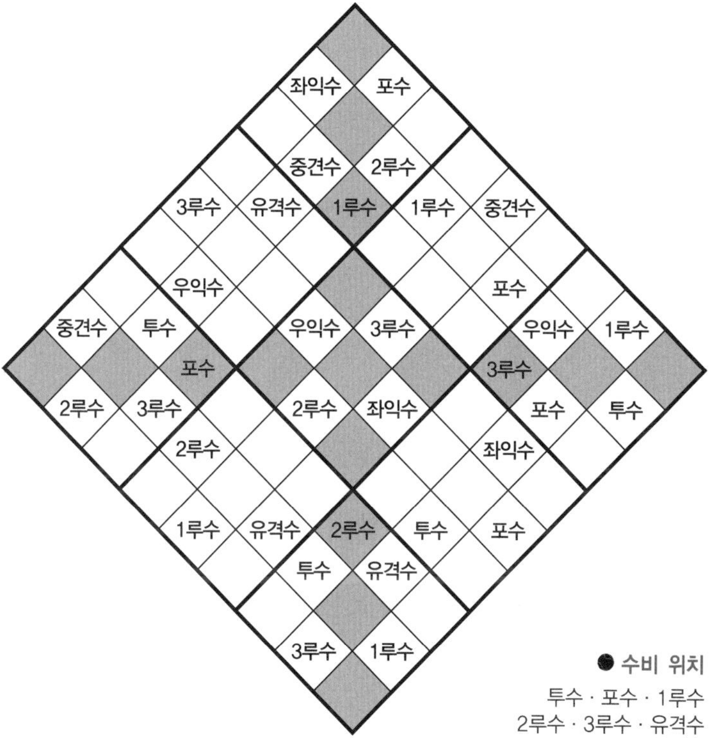

	좌익수	포수	

좌익수 포수
중견수 2루수
3루수 유격수 1루수 1루수 중견수
우익수 포수
중견수 투수 우익수 3루수 우익수 1루수
포수 3루수
2루수 3루수 2루수 좌익수 포수 투수
2루수 좌익수
1루수 유격수 2루수 투수 포수
투수 유격수
3루수 1루수

BASEBALL
SUDOKU

- No.　　　072
- Date
- Time

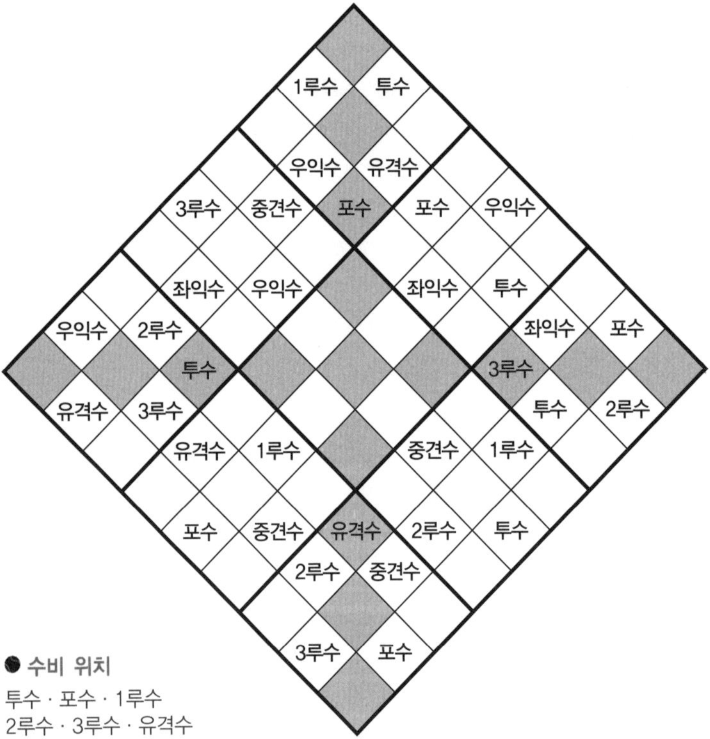

● 수비 위치

투수 · 포수 · 1루수
2루수 · 3루수 · 유격수
좌익수 · 중견수 · 우익수

BASEBALL
SUDOKU

포수 · 투수 · 중견수 · 1루수 · 2루수 · 좌익수 · 포수 · 3루수 · 중견수 · 포수 · 유격수 · 3루수 · 좌익수 · 2루수 · 3루수 · 좌익수 · 포수 · 2루수 · 중견수 · 우익수 · 중견수 · 유격수 · 투수 · 투수 · 포수 · 우익수 · 유격수 · 포수 · 3루수 · 1루수 · 3루수 · 3루수 · 투수 · 2루수 · 우익수 · 포수

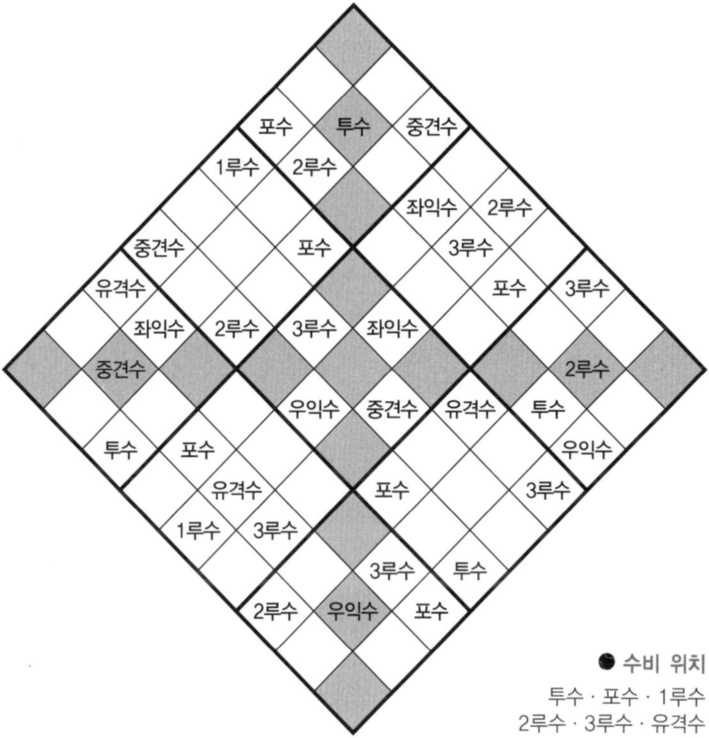

● 수비 위치

투수 · 포수 · 1루수
2루수 · 3루수 · 유격수
좌익수 · 중견수 · 우익수

BASEBALL
SUDOKU

- No.　　　074
- Date
- Time

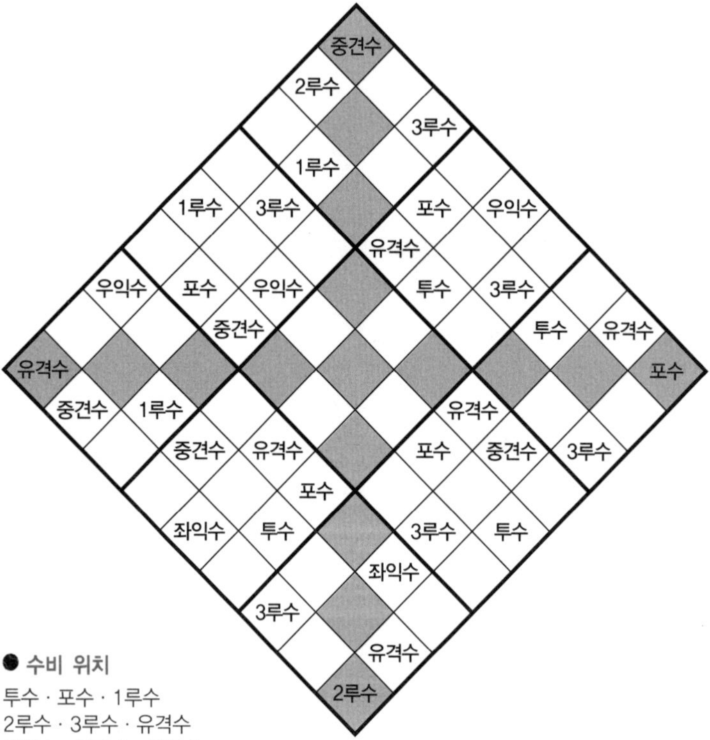

● 수비 위치

투수 · 포수 · 1루수
2루수 · 3루수 · 유격수
좌익수 · 중견수 · 우익수

BASEBALL
SUDOKU

- No.　　　075
- Date
- Time

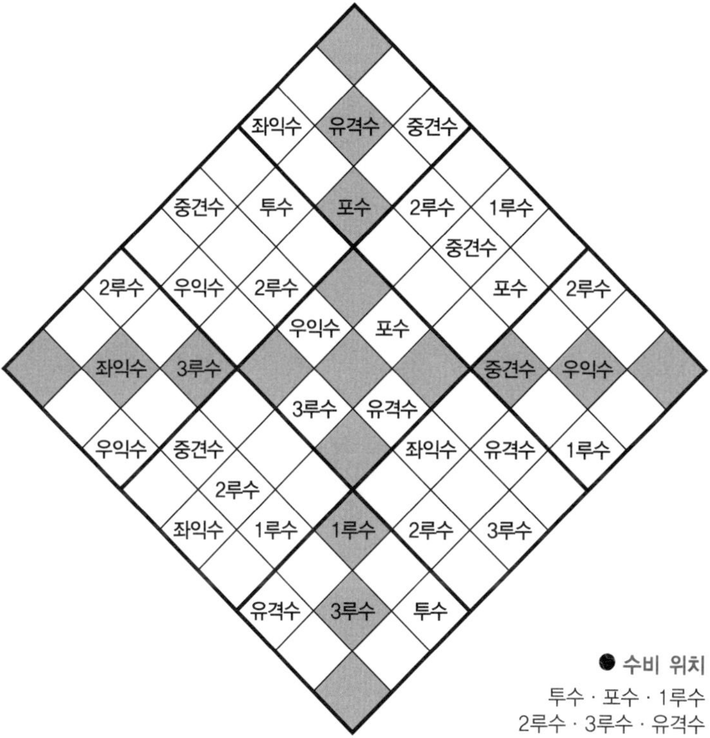

● 수비 위치

투수 · 포수 · 1루수
2루수 · 3루수 · 유격수
좌익수 · 중견수 · 우익수

87

BASEBALL
SUDOKU

- No.　　　076
- Date
- Time

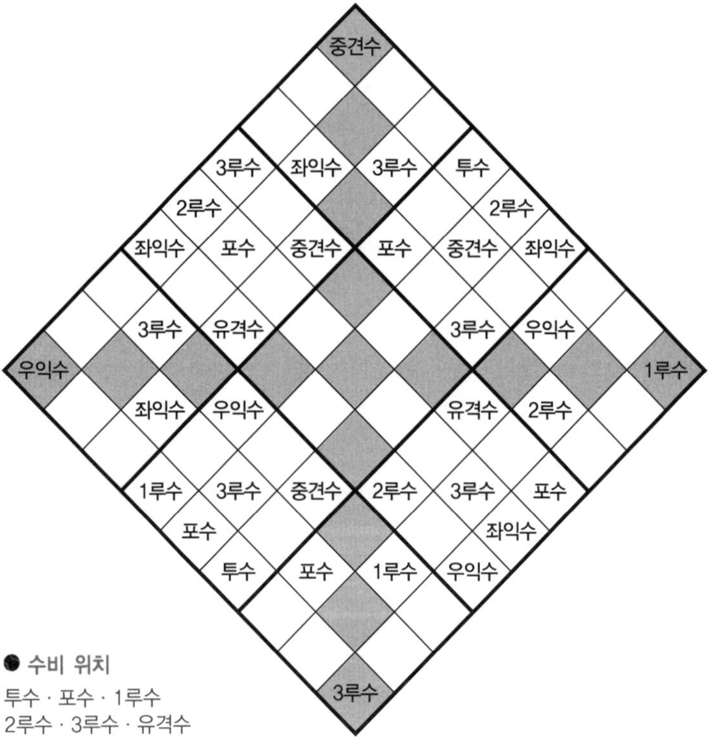

● 수비 위치

투수 · 포수 · 1루수
2루수 · 3루수 · 유격수
좌익수 · 중견수 · 우익수

BASEBALL
SUDOKU

- No.   077
- Date
- Time

중견수
투수
1루수 포수
2루수 우익수 포수 투수
2루수
중견수 포수 3루수 중견수
유격수 2루수 유격수 1루수
유격수 2루수
3루수 2루수 우익수 투수
중견수 포수 투수 중견수
좌익수
우익수 우익수 중견수 좌익수
유격수 좌익수
1루수
2루수

● 수비 위치

투수 · 포수 · 1루수
2루수 · 3루수 · 유격수
좌익수 · 중견수 · 우익수

BASEBALL
SUDOKU

- No.　　078
- Date
- Time

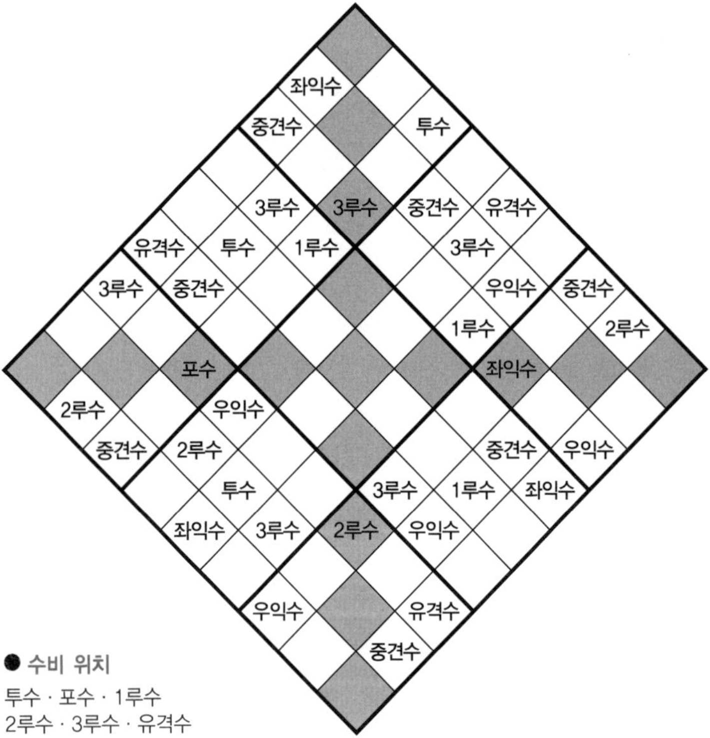

● 수비 위치
투수 · 포수 · 1루수
2루수 · 3루수 · 유격수
좌익수 · 중견수 · 우익수

BASEBALL
SUDOKU

• No. 079

• Date

• Time

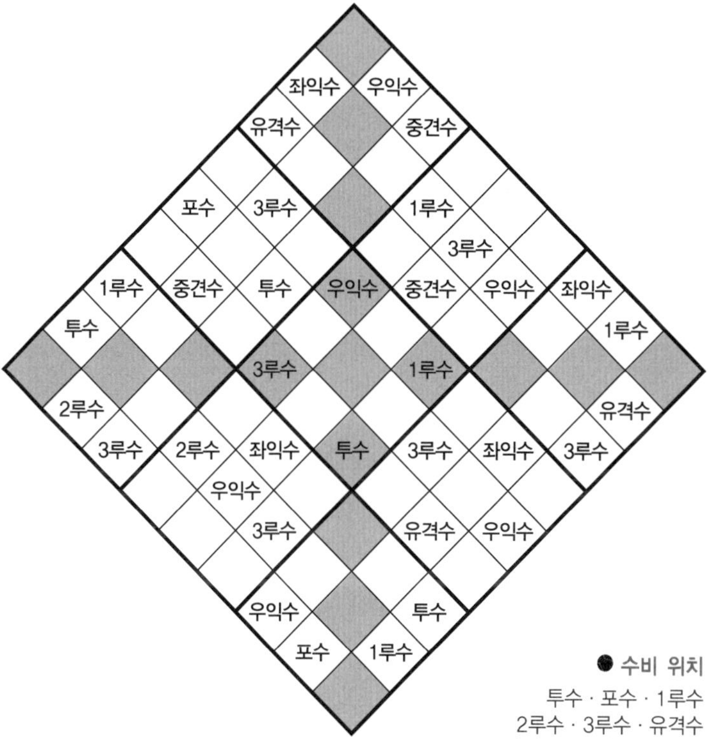

좌익수 우익수
유격수 중견수
포수 3루수 1루수
3루수
1루수 중견수 투수 우익수 중견수 우익수 좌익수
투수 1루수
3루수 1루수
2루수 유격수
3루수 2루수 좌익수 투수 3루수 좌익수 3루수
우익수
3루수 유격수 우익수
우익수 투수
포수 1루수

● 수비 위치
투수 · 포수 · 1루수
2루수 · 3루수 · 유격수
좌익수 · 중견수 · 우익수

BASEBALL
SUDOKU

- No.　080
- Date
- Time

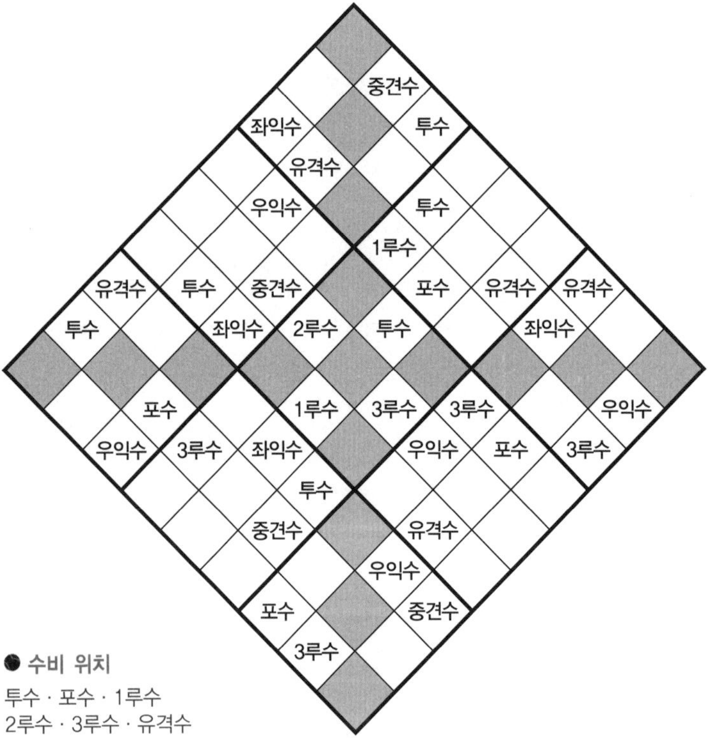

중견수
좌익수　투수
유격수
우익수　투수
1루수
유격수　투수　중견수　포수　유격수　유격수
투수　좌익수　2루수　투수　좌익수
포수　1루수　3루수　3루수　우익수
우익수　3루수　좌익수　우익수　포수　3루수
투수
중견수　유격수
우익수
포수　중견수
3루수

● 수비 위치
투수 · 포수 · 1루수
2루수 · 3루수 · 유격수
좌익수 · 중견수 · 우익수

92

BASEBALL
SUDOKU

- No.　　　081
- Date
- Time

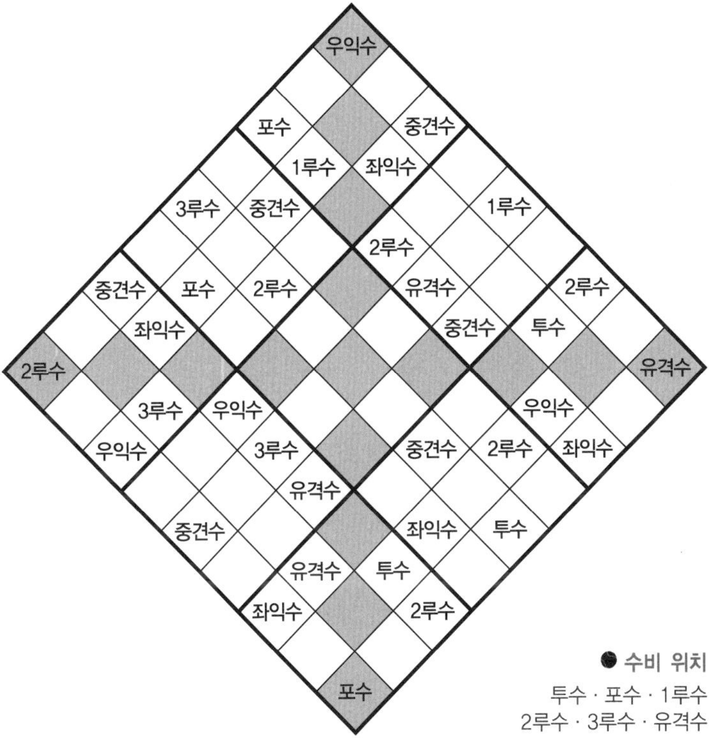

● 수비 위치
투수 · 포수 · 1루수
2루수 · 3루수 · 유격수
좌익수 · 중견수 · 우익수

93

BASEBALL
SUDOKU

- No.　　082
- Date
- Time

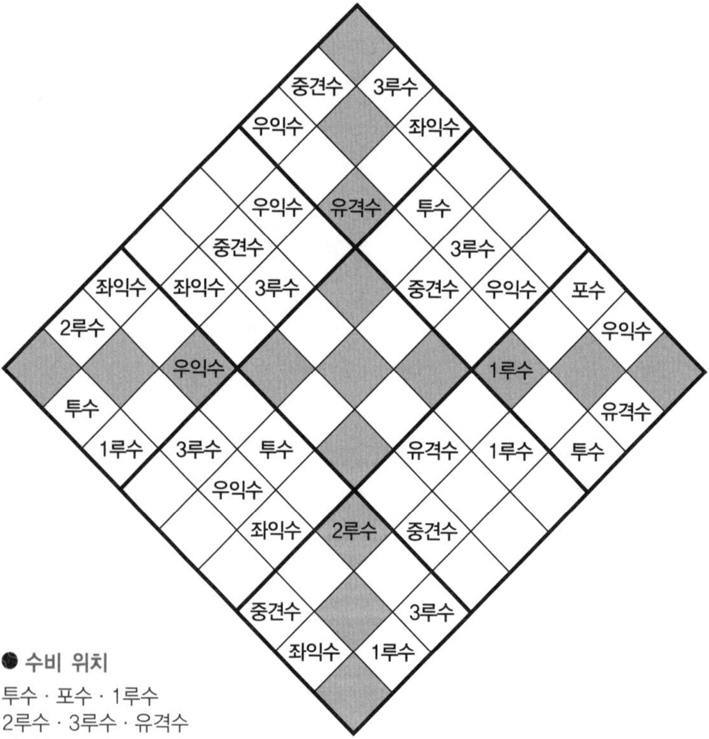

● 수비 위치

투수 · 포수 · 1루수
2루수 · 3루수 · 유격수
좌익수 · 중견수 · 우익수

BASEBALL
SUDOKU

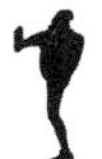

• No. 083
• Date
• Time

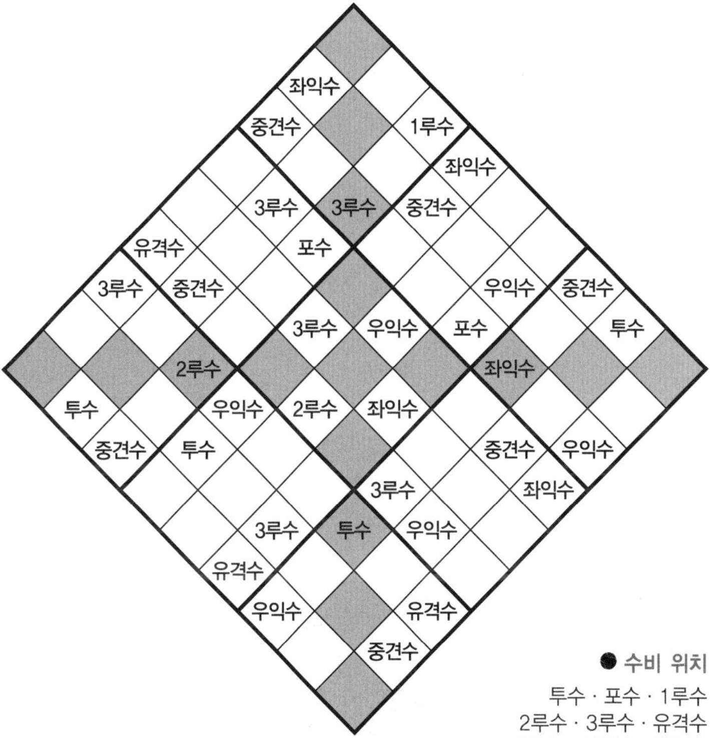

● 수비 위치

투수 · 포수 · 1루수
2루수 · 3루수 · 유격수
좌익수 · 중견수 · 우익수

BASEBALL
SUDOKU

- No.　　084
- Date
- Time

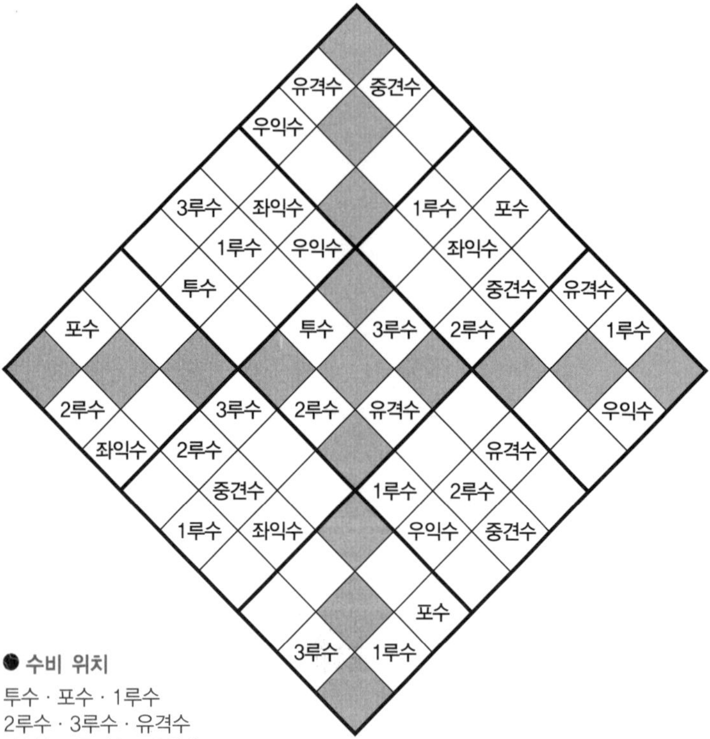

● 수비 위치

투수 · 포수 · 1루수
2루수 · 3루수 · 유격수
좌익수 · 중견수 · 우익수

BASEBALL
SUDOKU

- No.   085
- Date
- Time

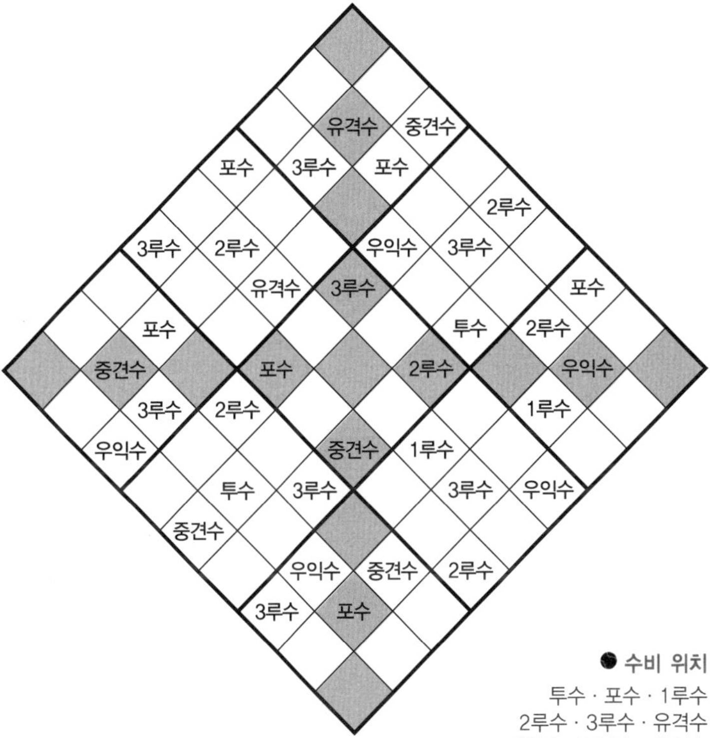

● 수비 위치

투수 · 포수 · 1루수
2루수 · 3루수 · 유격수
좌익수 · 중견수 · 우익수

BASEBALL
SUDOKU

- No.　　　086
- Date
- Time

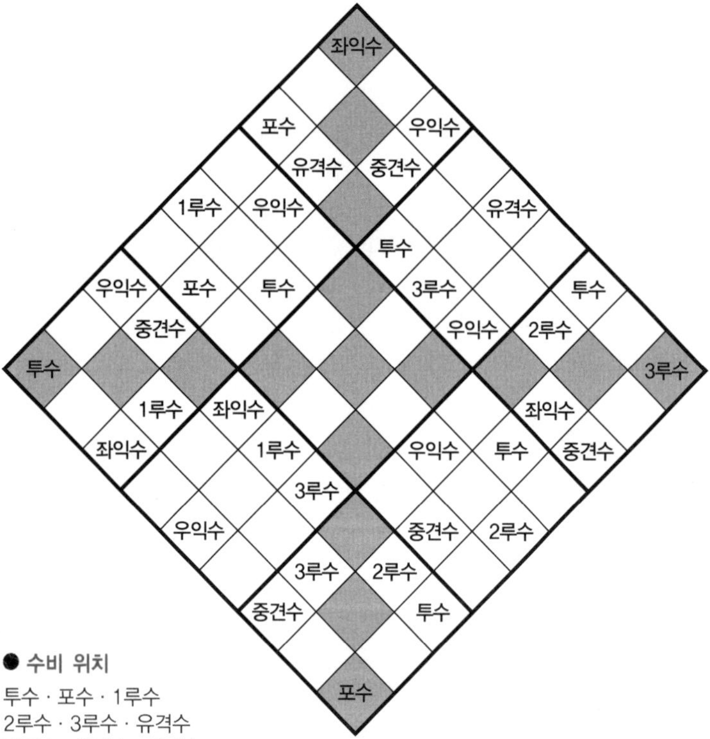

● 수비 위치

투수 · 포수 · 1루수
2루수 · 3루수 · 유격수
좌익수 · 중견수 · 우익수

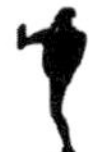

BASEBALL
SUDOKU

- No. 087
- Date
- Time

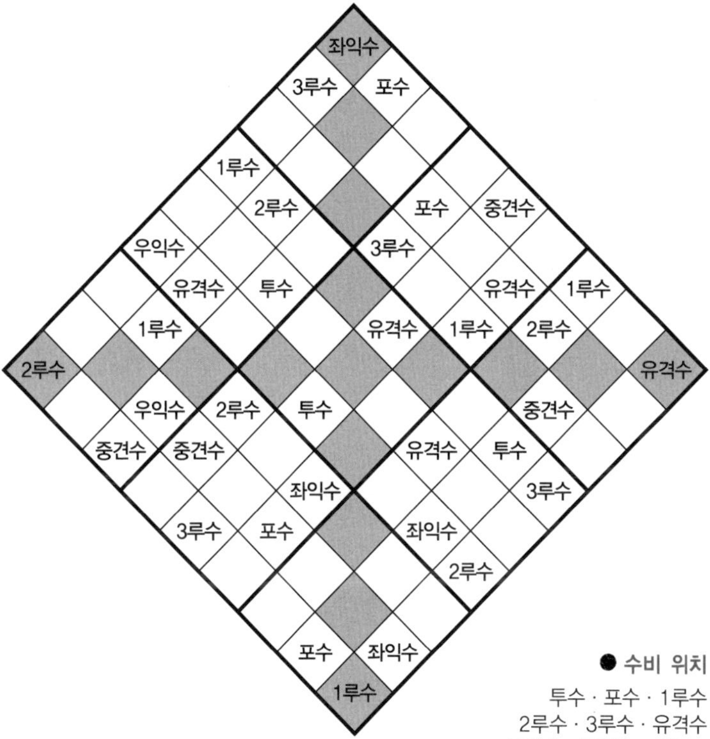

● 수비 위치

투수 · 포수 · 1루수
2루수 · 3루수 · 유격수
좌익수 · 중견수 · 우익수

BASEBALL
SUDOKU

- No.　　　088
- Date
- Time

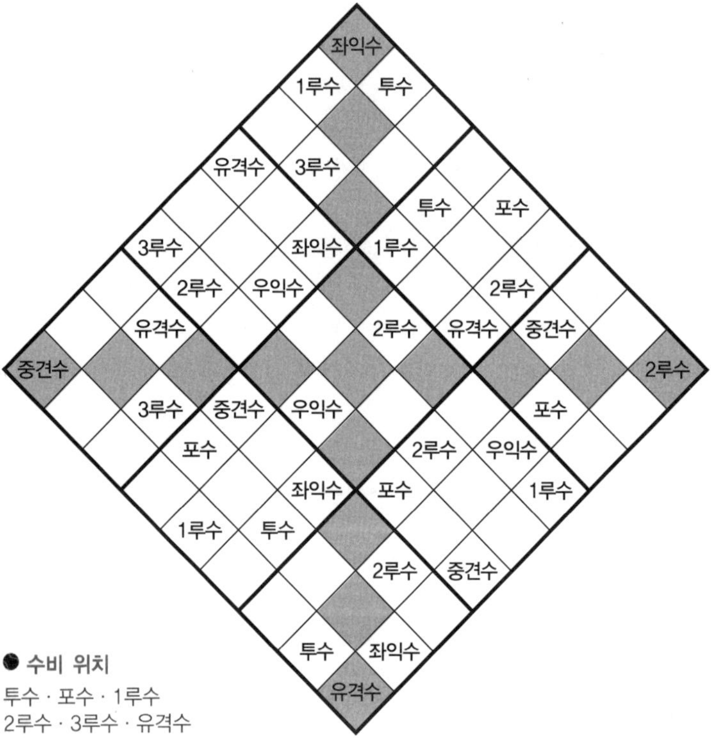

● 수비 위치

투수 · 포수 · 1루수
2루수 · 3루수 · 유격수
좌익수 · 중견수 · 우익수

100

BASEBALL
SUDOKU

- No.   089
- Date
- Time

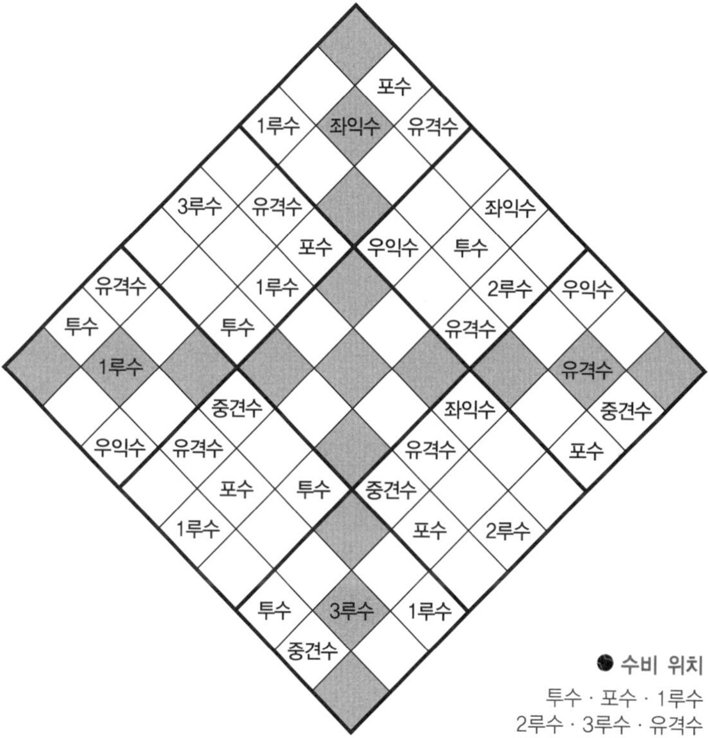

포수
1루수　좌익수　유격수
3루수　유격수　　　　좌익수
포수　우익수　투수
유격수　　　1루수　　　2루수　우익수
투수　　　투수　　　유격수
1루수　　　　　　　유격수
중견수　　　좌익수　중견수
우익수　유격수　　　　포수
포수　투수　유격수
1루수　　　중견수
포수　2루수
투수　3루수　1루수
중견수

● 수비 위치

투수 · 포수 · 1루수
2루수 · 3루수 · 유격수
좌익수 · 중견수 · 우익수

101

BASEBALL
SUDOKU

- No.　　090
- Date
- Time

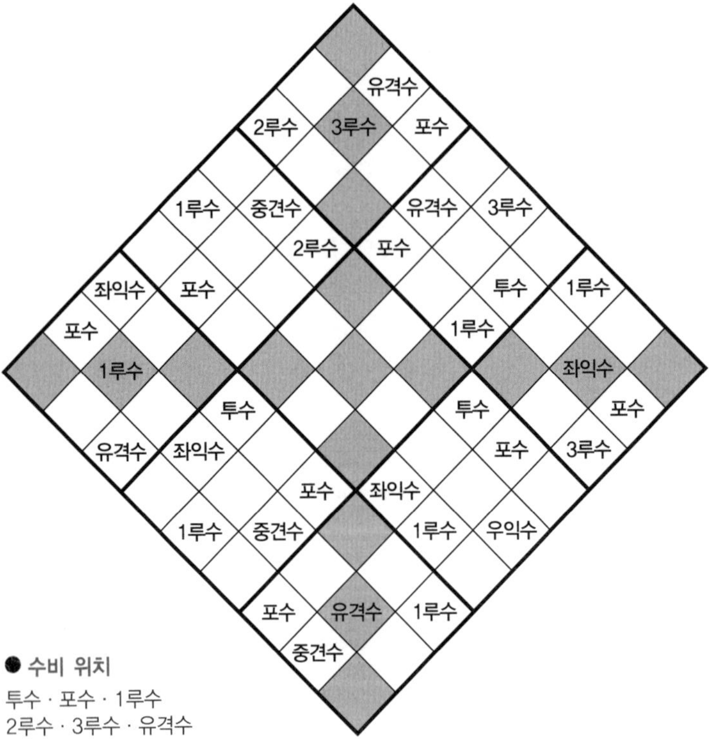

● 수비 위치

투수 · 포수 · 1루수
2루수 · 3루수 · 유격수
좌익수 · 중견수 · 우익수

BASEBALL
SUDOKU

- No.   091
- Date
- Time

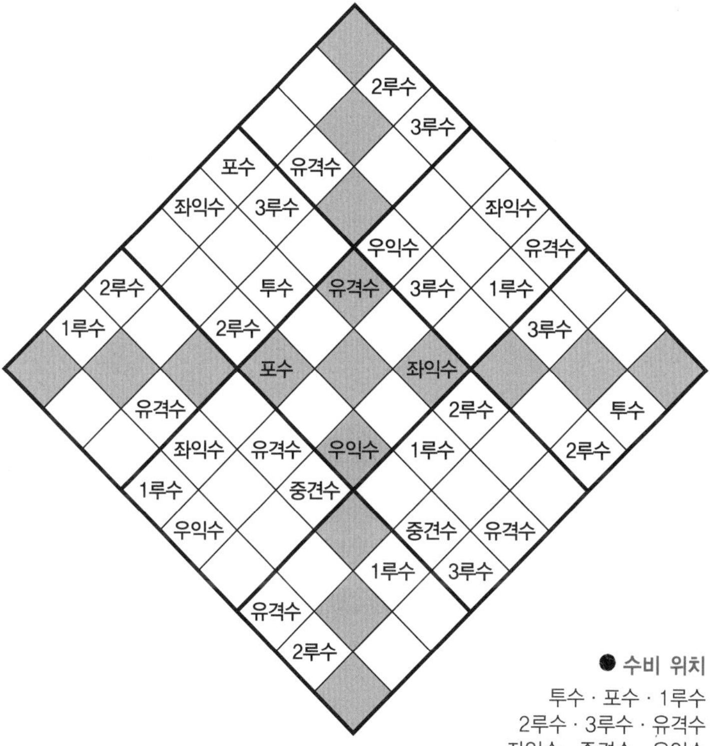

● 수비 위치
투수 · 포수 · 1루수
2루수 · 3루수 · 유격수
좌익수 · 중견수 · 우익수

BASEBALL
SUDOKU

- No.　　　092
- Date
- Time

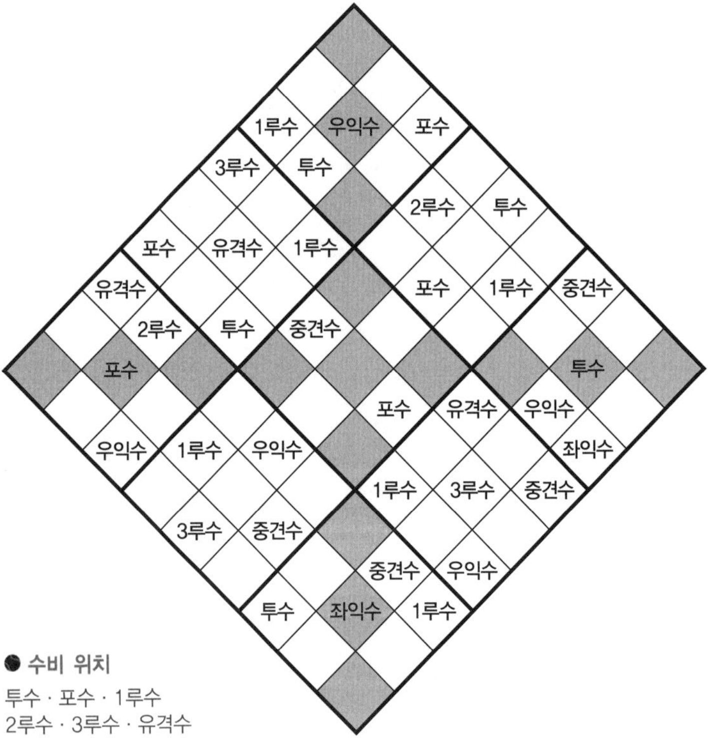

● 수비 위치

투수 · 포수 · 1루수
2루수 · 3루수 · 유격수
좌익수 · 중견수 · 우익수

BASEBALL
SUDOKU

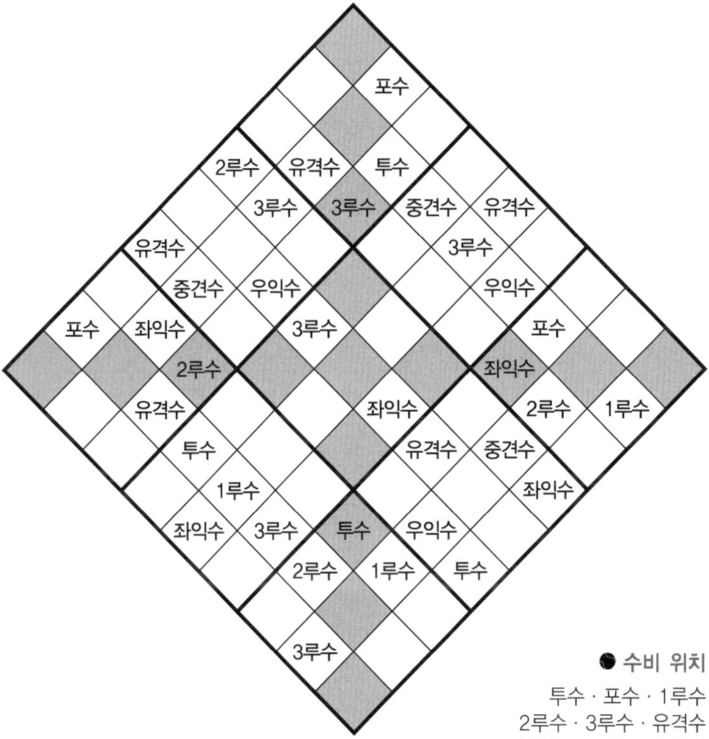

포수

2루수　유격수　투수

3루수　3루수　중견수　유격수

유격수　　　　　　3루수

중견수　우익수　　　우익수

포수　좌익수　3루수　포수

2루수　　　　　좌익수

유격수　　　좌익수　2루수　1루수

투수　　　유격수　중견수

1루수　　　　좌익수

좌익수　3루수　투수　우익수

2루수　1루수　투수

3루수

BASEBALL
SUDOKU

- No.   094
- Date
- Time

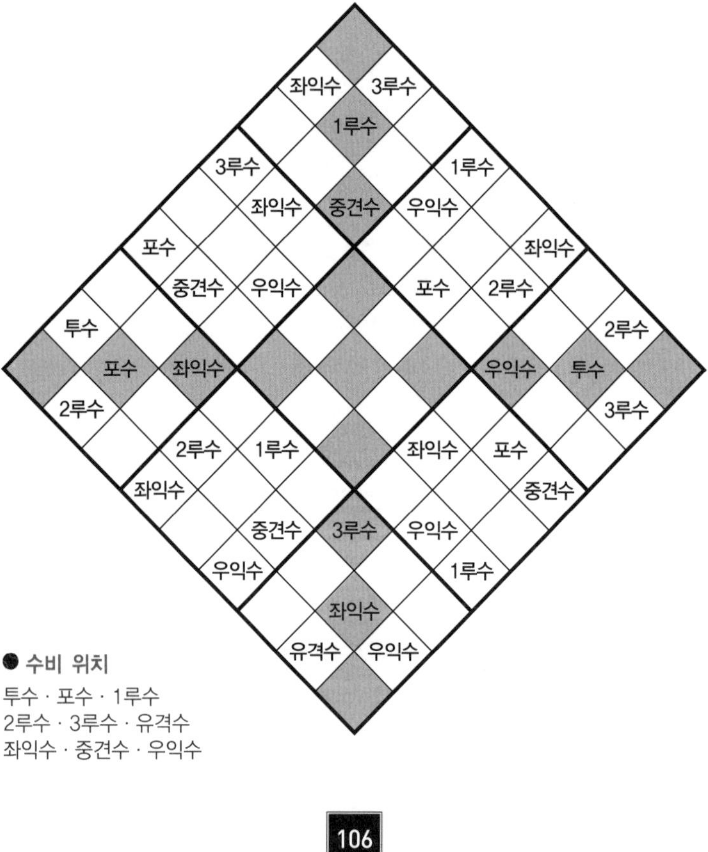

● 수비 위치

투수 · 포수 · 1루수
2루수 · 3루수 · 유격수
좌익수 · 중견수 · 우익수

BASEBALL
SUDOKU

- No.   095
- Date
- Time

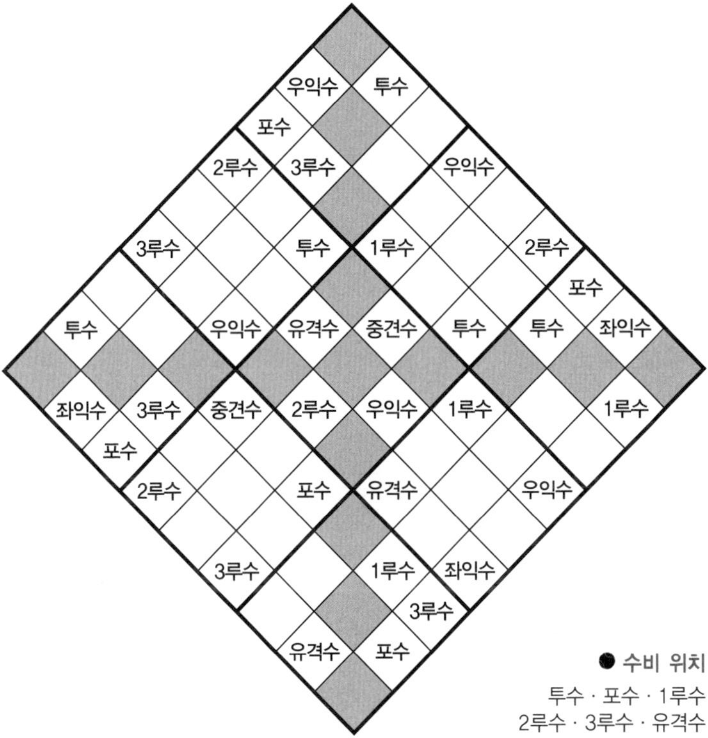

● 수비 위치

투수 · 포수 · 1루수
2루수 · 3루수 · 유격수
좌익수 · 중견수 · 우익수

BASEBALL
SUDOKU

- No.　096
- Date
- Time

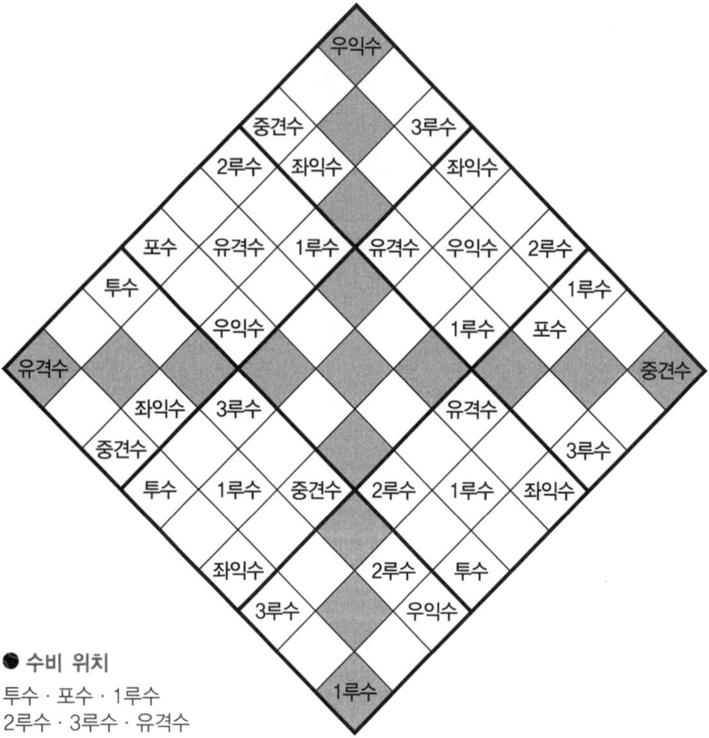

● 수비 위치

투수 · 포수 · 1루수
2루수 · 3루수 · 유격수
좌익수 · 중견수 · 우익수

BASEBALL
SUDOKU

- No.   097
- Date
- Time

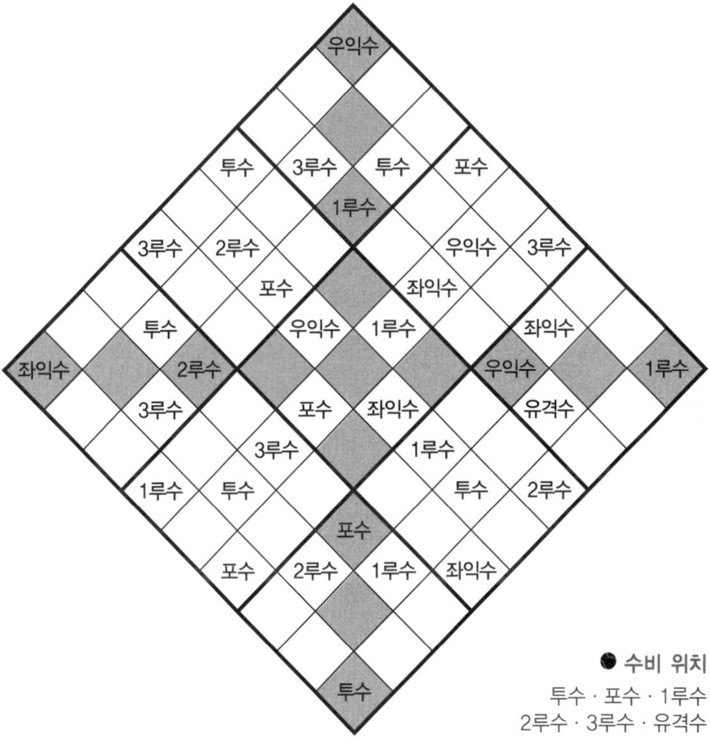

우익수
투수 · 3루수 · 투수 · 포수
1루수
3루수 · 2루수 · 우익수 · 3루수
포수 · 좌익수
투수 · 우익수 · 1루수 · 좌익수
좌익수 · 2루수 · 우익수 · 1루수
3루수 · 포수 · 좌익수 · 유격수
3루수 · 1루수
1루수 · 투수 · 투수 · 2루수
포수
포수 · 2루수 · 1루수 · 좌익수
투수

● 수비 위치

투수 · 포수 · 1루수
2루수 · 3루수 · 유격수
좌익수 · 중견수 · 우익수

BASEBALL
SUDOKU

- No.   098
- Date
- Time

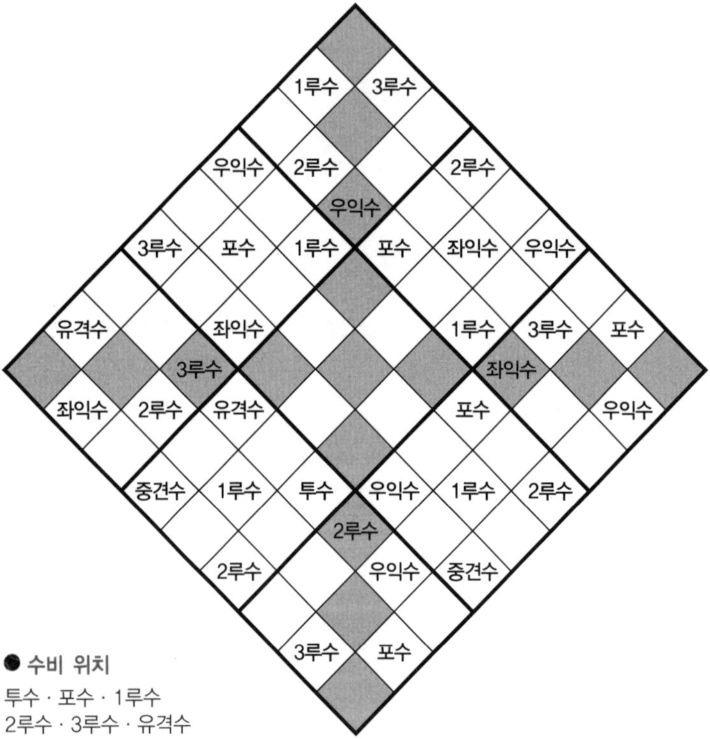

● 수비 위치

투수 · 포수 · 1루수
2루수 · 3루수 · 유격수
좌익수 · 중견수 · 우익수

- No.   099
- Date
- Time

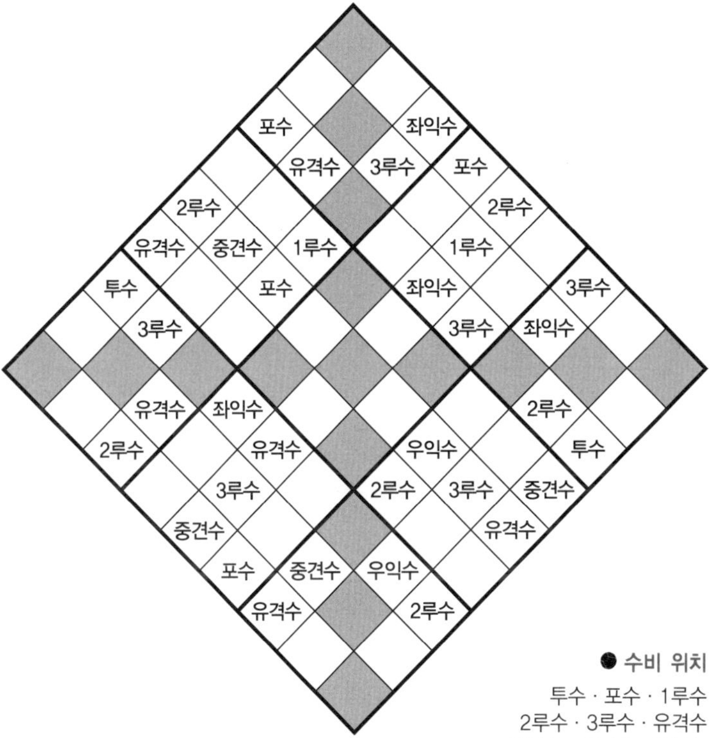

포수 · 좌익수 · 유격수 · 3루수 · 포수 · 2루수 · 1루수 · 유격수 · 중견수 · 1루수 · 투수 · 좌익수 · 3루수 · 포수 · 3루수 · 좌익수 · 3루수 · 유격수 · 좌익수 · 2루수 · 2루수 · 투수 · 유격수 · 3루수 · 중견수 · 3루수 · 우익수 · 중견수 · 유격수 · 포수 · 중견수 · 우익수 · 유격수 · 2루수

● 수비 위치

투수 · 포수 · 1루수
2루수 · 3루수 · 유격수
좌익수 · 중견수 · 우익수

111

- No.   100
- Date
- Time

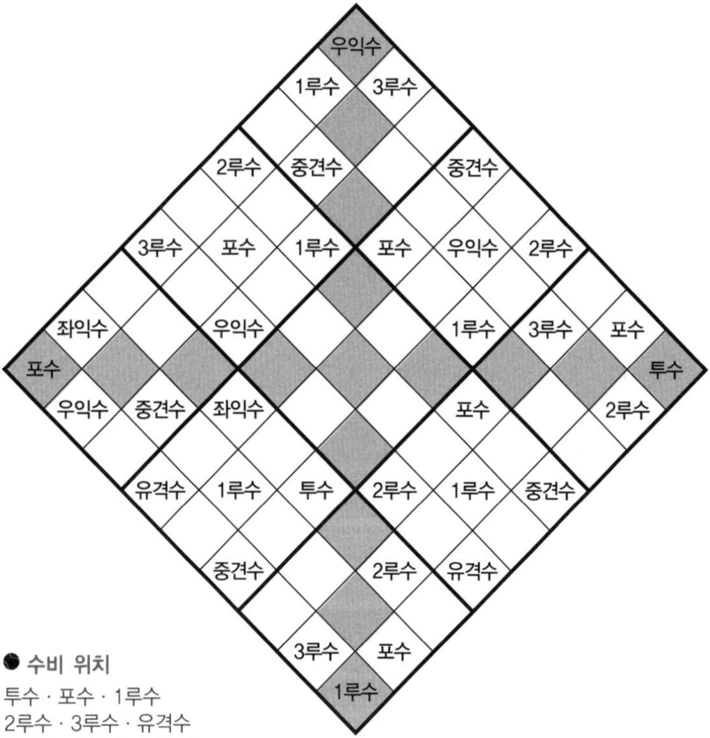

우익수

1루수   3루수

2루수   중견수   중견수

3루수   포수   1루수   포수   우익수   2루수

좌익수   우익수   1루수   3루수   포수

포수   투수

우익수   중견수   좌익수   포수   2루수

유격수   1루수   투수   2루수   1루수   중견수

중견수   2루수   유격수

3루수   포수

1루수

● 수비 위치

투수 · 포수 · 1루수
2루수 · 3루수 · 유격수
좌익수 · 중견수 · 우익수

BASEBALL
SUDOKU

- No.   101
- Date
- Time

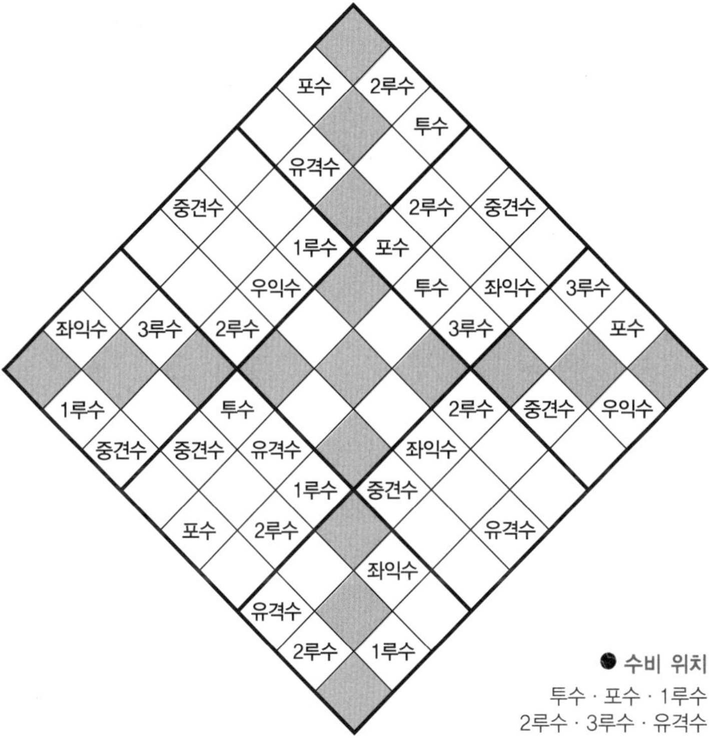

포수   2루수
투수
유격수
중견수   2루수   중견수
1루수   포수
우익수   투수   좌익수   3루수
좌익수   3루수   2루수   3루수   포수
1루수   투수   2루수   중견수   우익수
중견수   중견수   유격수   좌익수
1루수   중견수
포수   2루수   유격수
좌익수
유격수
2루수   1루수

● 수비 위치

투수 · 포수 · 1루수
2루수 · 3루수 · 유격수
좌익수 · 중견수 · 우익수

113

BASEBALL
SUDOKU

- No.　　　102
- Date
- Time

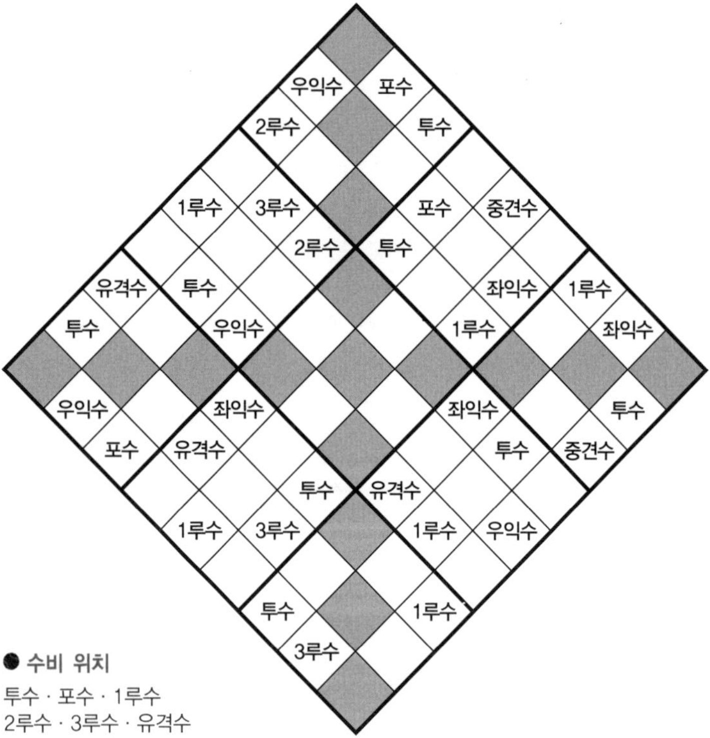

● 수비 위치

투수 · 포수 · 1루수
2루수 · 3루수 · 유격수
좌익수 · 중견수 · 우익수

BASEBALL
SUDOKU

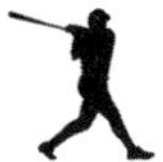

- No. 103
- Date
- Time

투수		3루수		중견수		유격수		2루수
			포수	투수	좌익수	우익수		
좌익수	중견수			2루수				1루수
	3루수						유격수	
포수	투수	유격수				1루수	2루수	우익수
	좌익수						3루수	
3루수				포수			우익수	유격수
		포수	3루수	좌익수	유격수			
유격수		투수		1루수		3루수		좌익수

● 수비 위치

투수 · 포수 · 1루수
2루수 · 3루수 · 유격수
좌익수 · 중견수 · 우익수

BASEBALL
SUDOKU

- No.   104
- Date
- Time

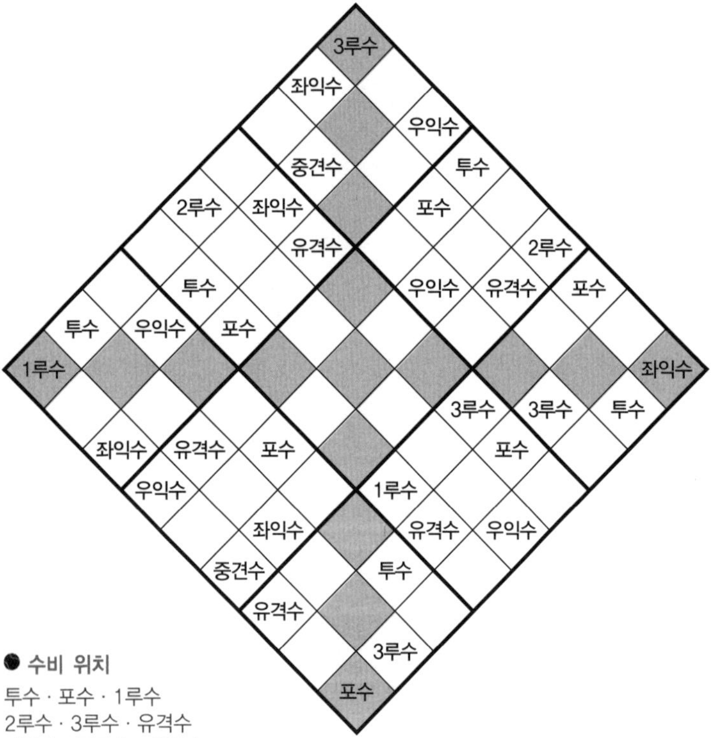

3루수
좌익수
우익수
중견수
투수
2루수 좌익수 포수
유격수 2루수
투수 우익수 유격수 포수
투수 우익수 포수
1루수 좌익수
3루수 3루수 투수
좌익수 유격수 포수 포수
우익수 1루수
좌익수 유격수 우익수
중견수 투수
유격수
3루수
포수

● 수비 위치

투수 · 포수 · 1루수
2루수 · 3루수 · 유격수
좌익수 · 중견수 · 우익수

BASEBALL
SUDOKU

- No.   105
- Date
- Time

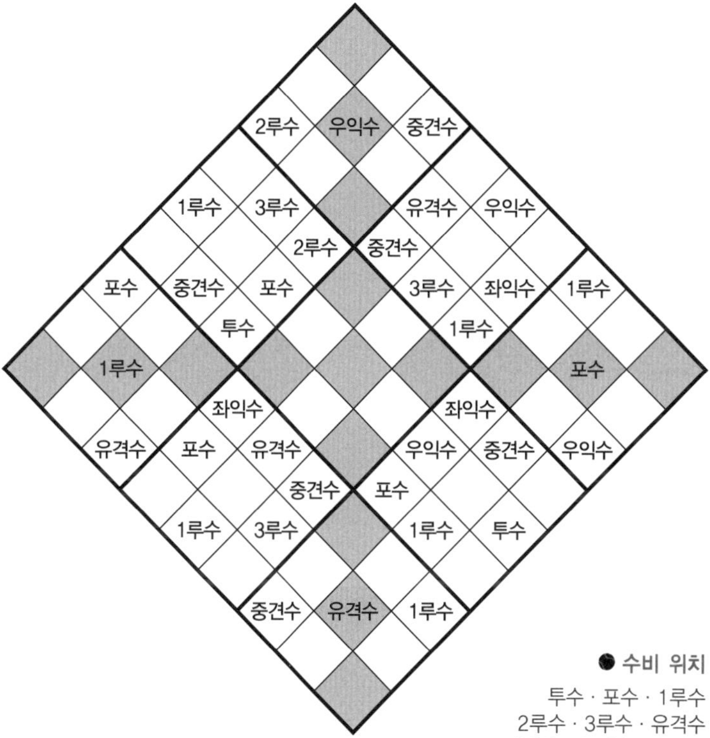

● 수비 위치

투수 · 포수 · 1루수
2루수 · 3루수 · 유격수
좌익수 · 중견수 · 우익수

BASEBALL
SUDOKU

- No.   106
- Date
- Time

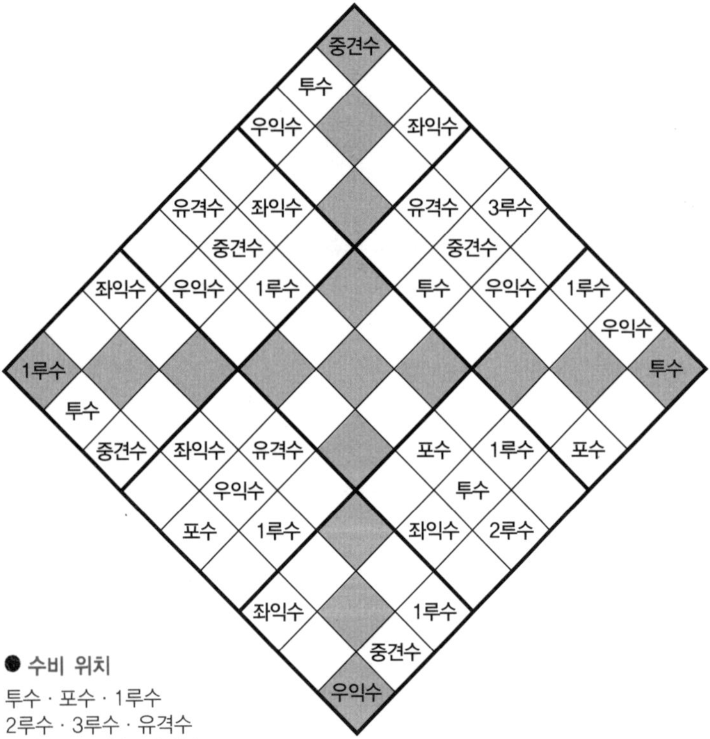

● 수비 위치

투수 · 포수 · 1루수
2루수 · 3루수 · 유격수
좌익수 · 중견수 · 우익수

BASEBALL
SUDOKU

- No.　　107
- Date
- Time

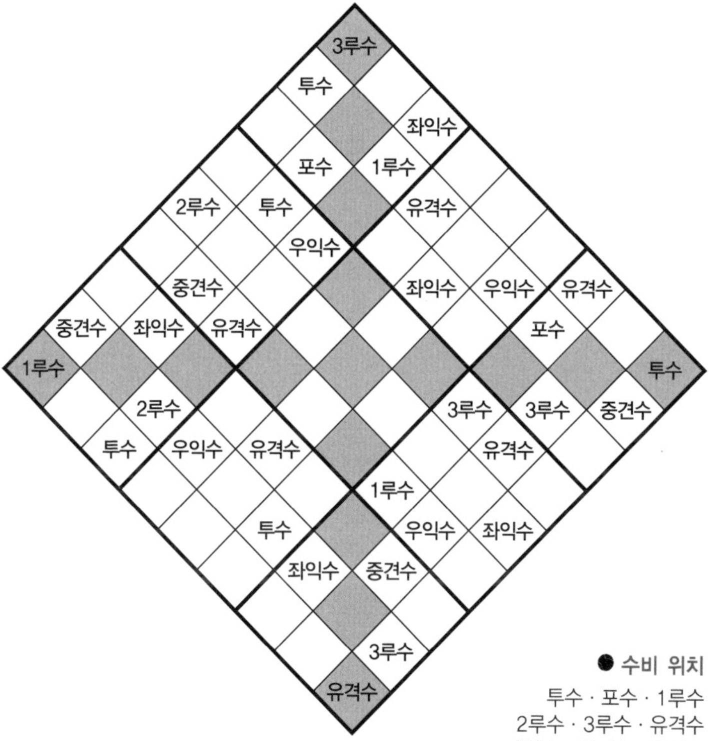

● 수비 위치
투수 · 포수 · 1루수
2루수 · 3루수 · 유격수
좌익수 · 중견수 · 우익수

BASEBALL
SUDOKU

- No.　　　108
- Date
- Time

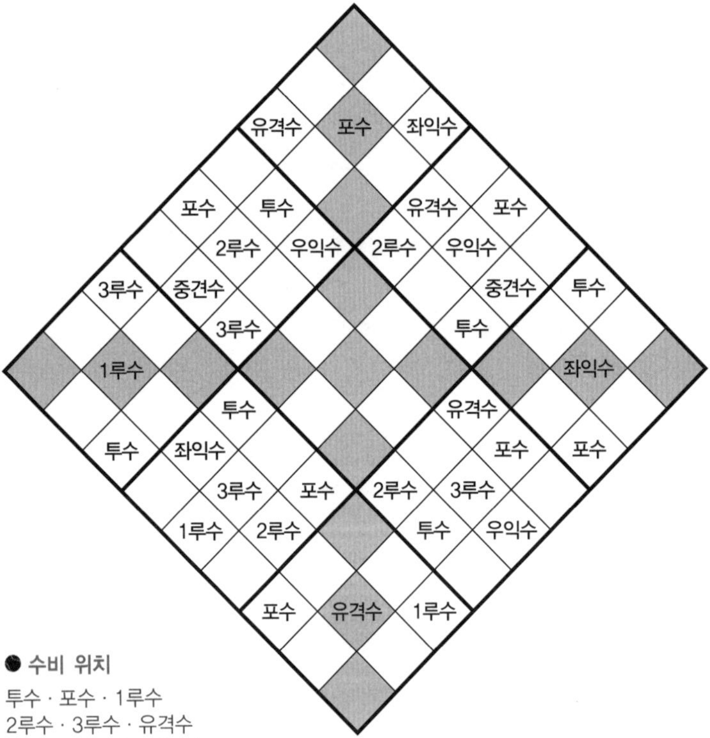

유격수　포수　좌익수
포수　투수　유격수　포수
2루수　우익수　2루수　우익수
3루수　중견수　중견수　투수
3루수　투수
1루수　　　　　　좌익수
투수　　좌익수　유격수
3루수　포수　2루수　3루수　포수　포수
1루수　2루수　투수　우익수
포수　유격수　1루수

● 수비 위치
투수 · 포수 · 1루수
2루수 · 3루수 · 유격수
좌익수 · 중견수 · 우익수

BASEBALL
SUDOKU

- No.   109
- Date
- Time

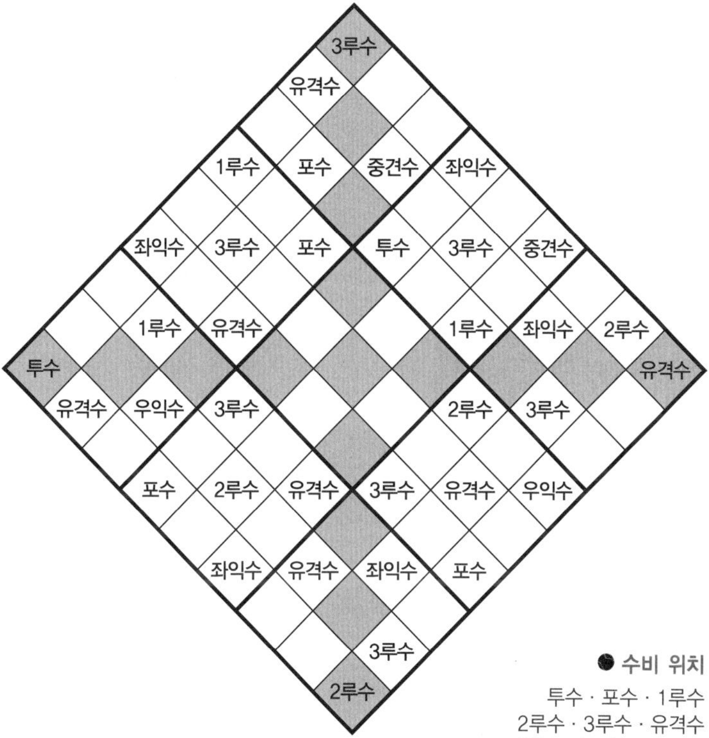

3루수
유격수
1루수 포수 중견수 좌익수
좌익수 3루수 포수 투수 3루수 중견수
1루수 유격수 1루수 좌익수 2루수
투수 유격수
유격수 우익수 3루수 2루수 3루수
포수 2루수 유격수 3루수 유격수 우익수
좌익수 유격수 좌익수 포수
3루수
2루수

● 수비 위치

투수 · 포수 · 1루수
2루수 · 3루수 · 유격수
좌익수 · 중견수 · 우익수

BASEBALL
SUDOKU

- No.　　110
- Date
- Time

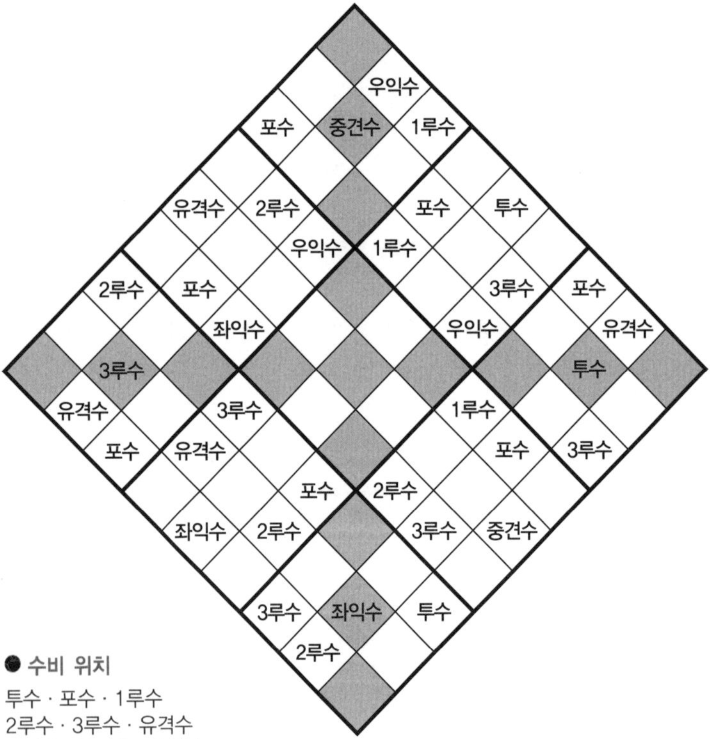

● 수비 위치

투수 · 포수 · 1루수
2루수 · 3루수 · 유격수
좌익수 · 중견수 · 우익수

BASEBALL
SUDOKU

• No.　111

• Date

• Time

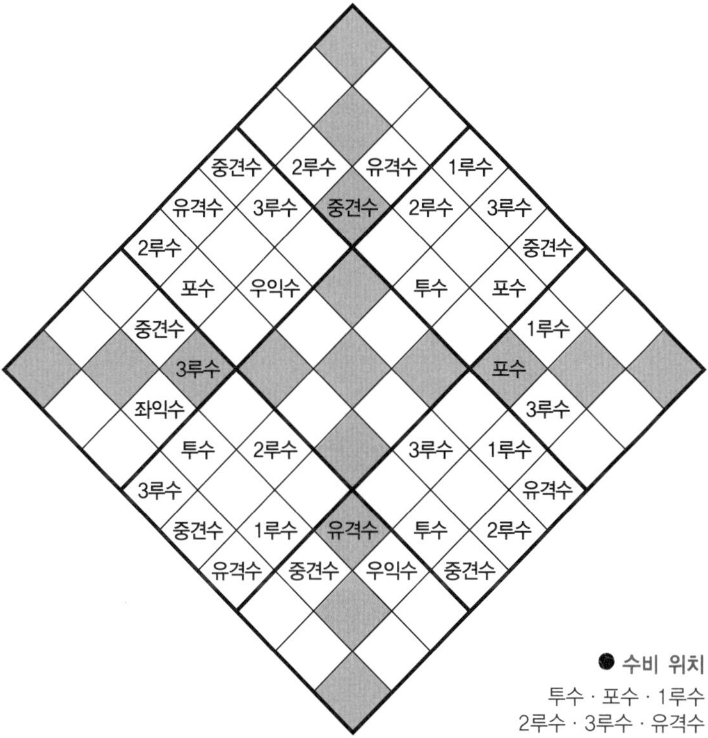

중견수 | 2루수 | 유격수 | 1루수
유격수 | 3루수 | 중견수 | 2루수 | 3루수
2루수 | | | | 중견수
포수 | 우익수 | | 투수 | 포수
중견수 | | | | 1루수
3루수 | | | 포수
좌익수 | | | 3루수
투수 | 2루수 | 3루수 | 1루수
3루수 | | | 유격수
중견수 | 1루수 | 유격수 | 투수 | 2루수
유격수 | 중견수 | 우익수 | 중견수

BASEBALL
SUDOKU

- No.   112
- Date
- Time

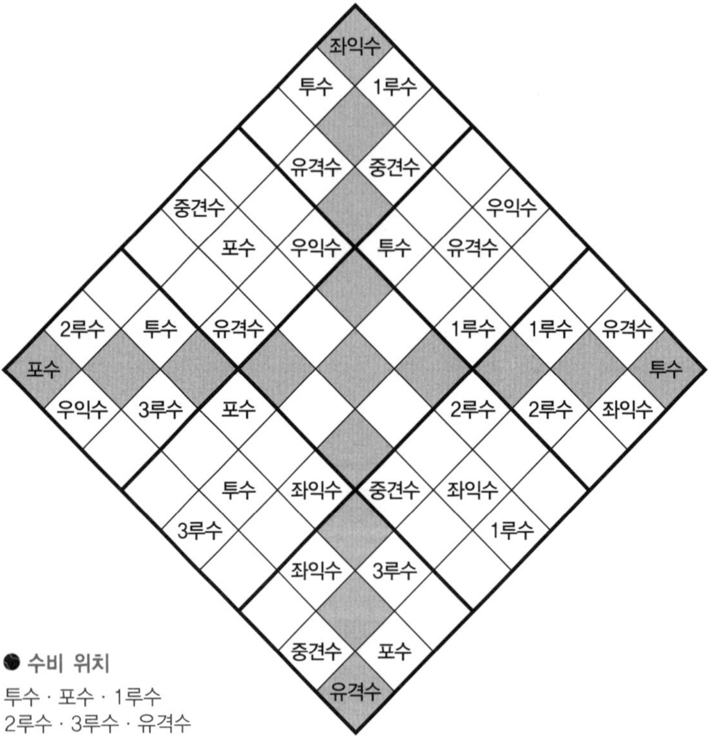

● 수비 위치

투수 · 포수 · 1루수
2루수 · 3루수 · 유격수
좌익수 · 중견수 · 우익수

BASEBALL
SUDOKU

- No.　　113
- Date
- Time

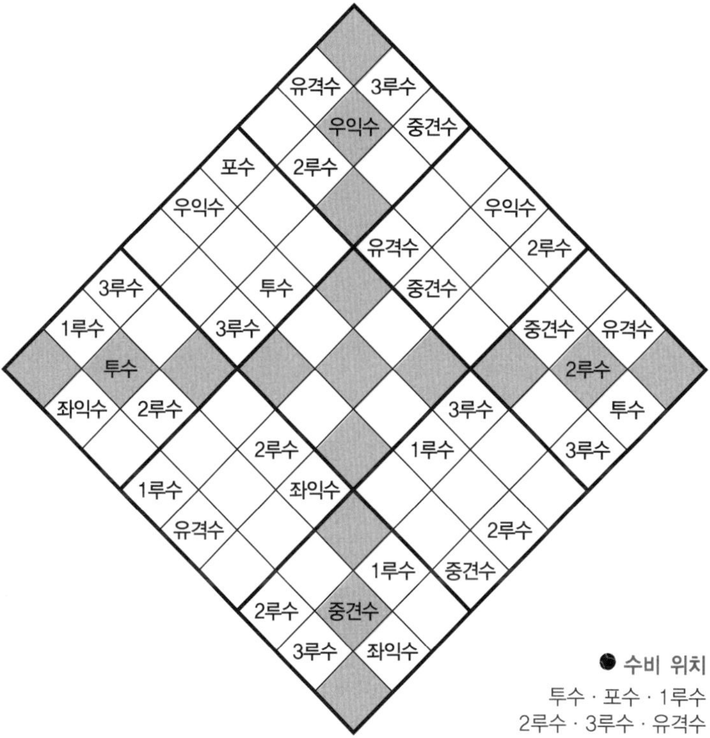

유격수　3루수
우익수　중견수
포수　2루수
우익수　　　　　　　우익수
유격수　2루수
3루수　투수　중견수
1루수　3루수　중견수　유격수
투수　　　　　　　2루수
좌익수　2루수　3루수　투수
2루수　1루수　3루수
1루수　좌익수
유격수　2루수
1루수　중견수
2루수　중견수
3루수　좌익수

● 수비 위치

투수 · 포수 · 1루수
2루수 · 3루수 · 유격수
좌익수 · 중견수 · 우익수

BASEBALL
SUDOKU

- No.　　114
- Date
- Time

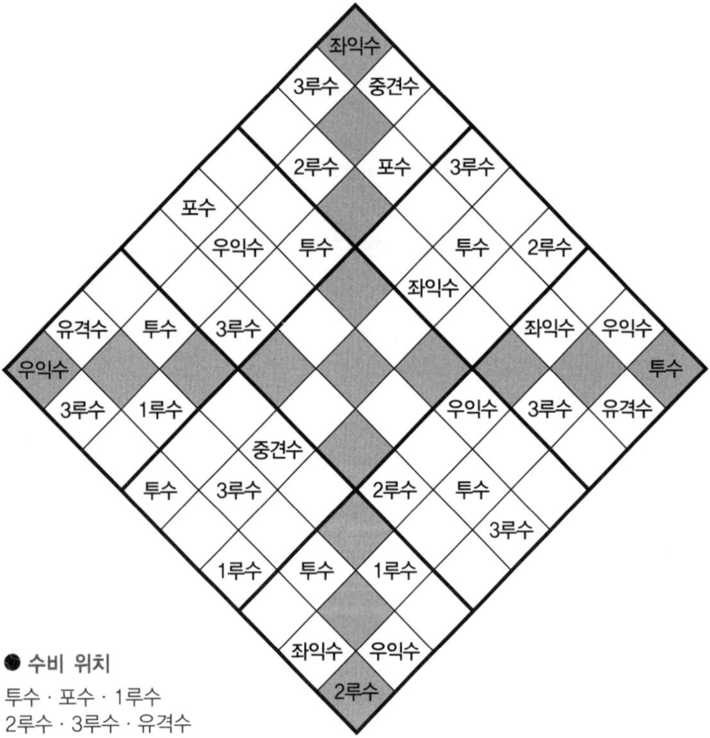

● 수비 위치

투수 · 포수 · 1루수
2루수 · 3루수 · 유격수
좌익수 · 중견수 · 우익수

BASEBALL
SUDOKU

- No.   115
- Date
- Time

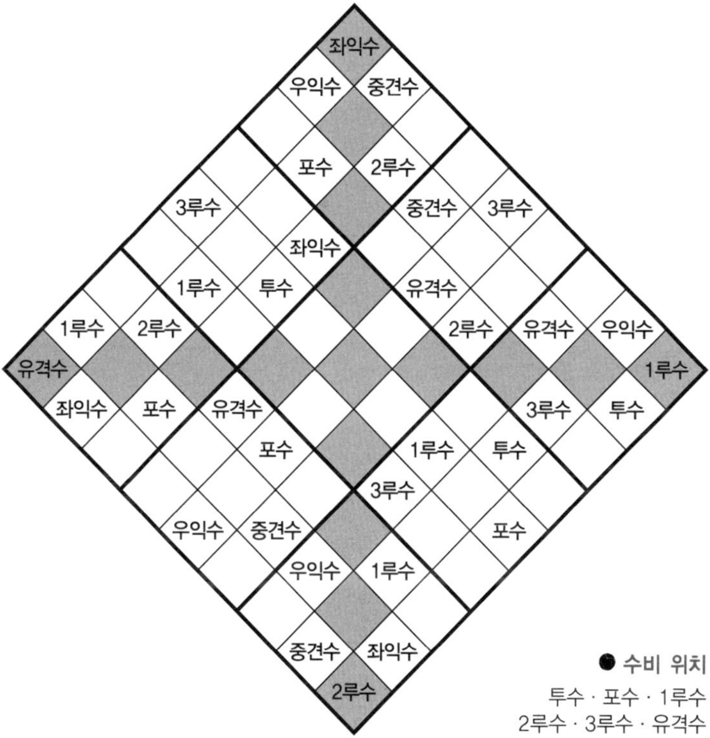

좌익수

우익수 · 중견수

포수 · 2루수

3루수 · 중견수 · 3루수

좌익수

1루수 · 투수 · 유격수

1루수 · 2루수 · 2루수 · 유격수 · 우익수

유격수 · 1루수

좌익수 · 포수 · 유격수 · 3루수 · 투수

포수 · 1루수 · 투수

3루수 · 포수

우익수 · 중견수

우익수 · 1루수

중견수 · 좌익수

2루수

● 수비 위치

투수 · 포수 · 1루수
2루수 · 3루수 · 유격수
좌익수 · 중견수 · 우익수

BASEBALL
SUDOKU

- No.　116
- Date
- Time

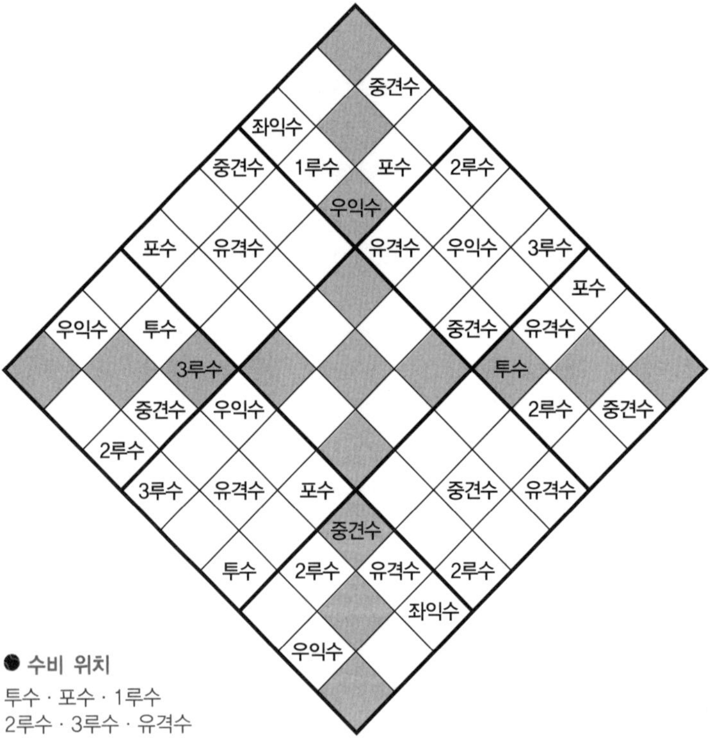

중견수
좌익수
중견수　1루수　포수　2루수
우익수
포수　유격수　유격수　우익수　3루수
포수
우익수　투수　중견수　유격수
3루수　투수
중견수　우익수　2루수　중견수
2루수
3루수　유격수　포수　중견수　유격수
중견수
투수　2루수　유격수　2루수
좌익수
우익수

● 수비 위치
투수 · 포수 · 1루수
2루수 · 3루수 · 유격수
좌익수 · 중견수 · 우익수

BASEBALL
SUDOKU

- No. 117
- Date
- Time

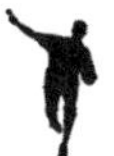

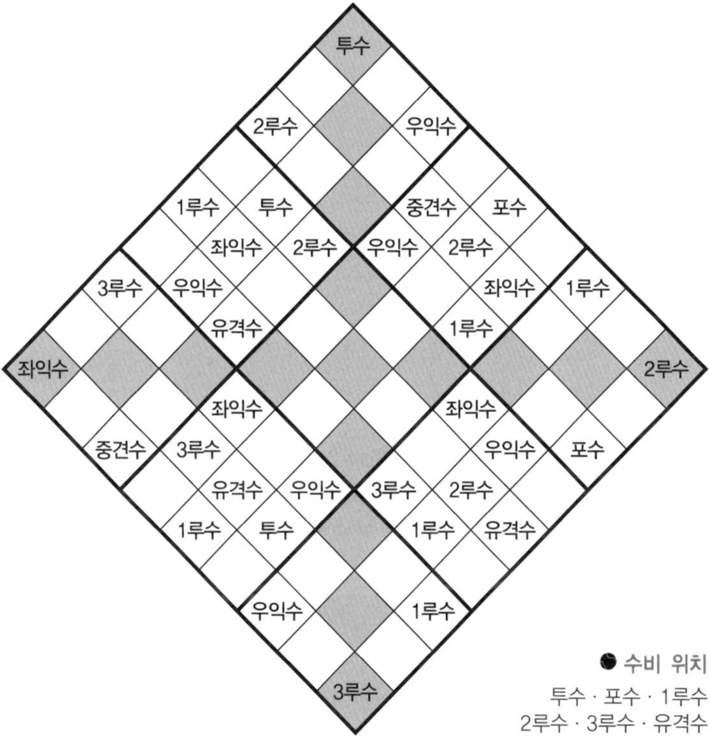

● 수비 위치

투수 · 포수 · 1루수
2루수 · 3루수 · 유격수
좌익수 · 중견수 · 우익수

BASEBALL
SUDOKU

- No.　　　118
- Date
- Time

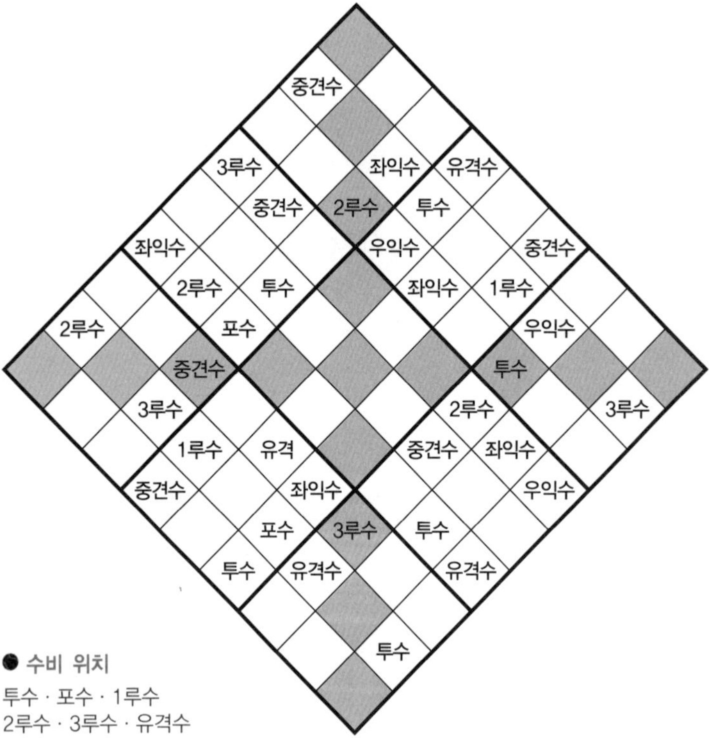

● 수비 위치

투수 · 포수 · 1루수
2루수 · 3루수 · 유격수
좌익수 · 중견수 · 우익수

BASEBALL
SUDOKU

- No.　119
- Date
- Time

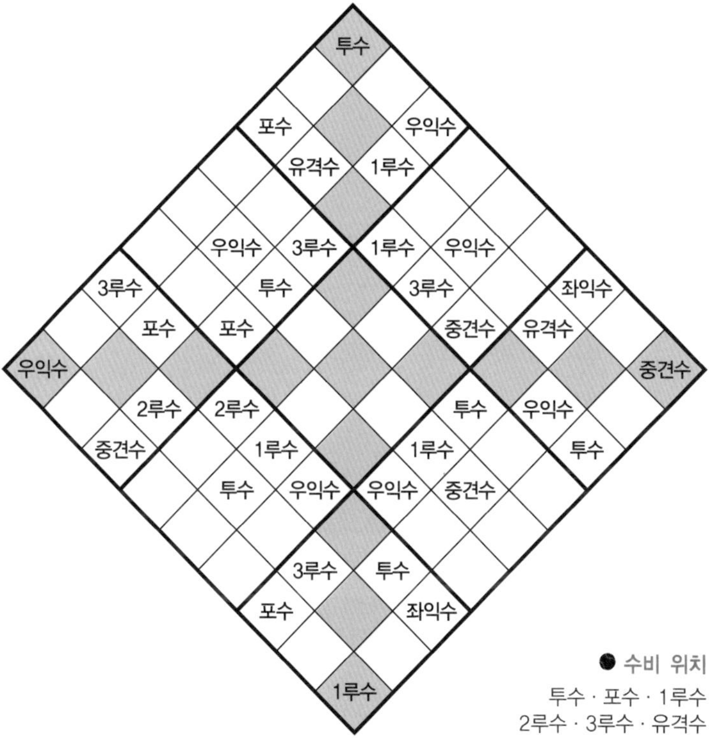

● 수비 위치

투수 · 포수 · 1루수
2루수 · 3루수 · 유격수
좌익수 · 중견수 · 우익수

131

BASEBALL
SUDOKU

- No.   120
- Date
- Time

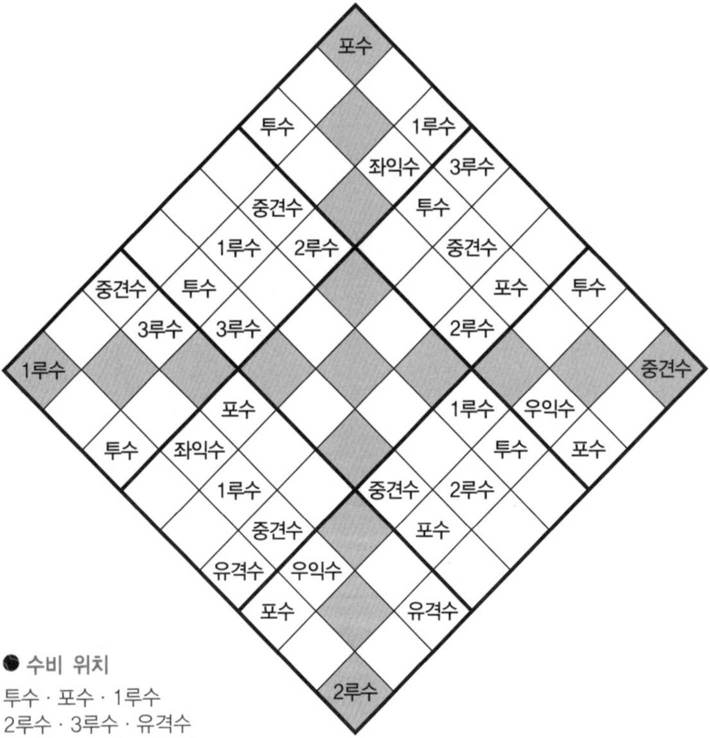

● 수비 위치

투수 · 포수 · 1루수
2루수 · 3루수 · 유격수
좌익수 · 중견수 · 우익수

BASEBALL
SUDOKU

- No. 121
- Date
- Time

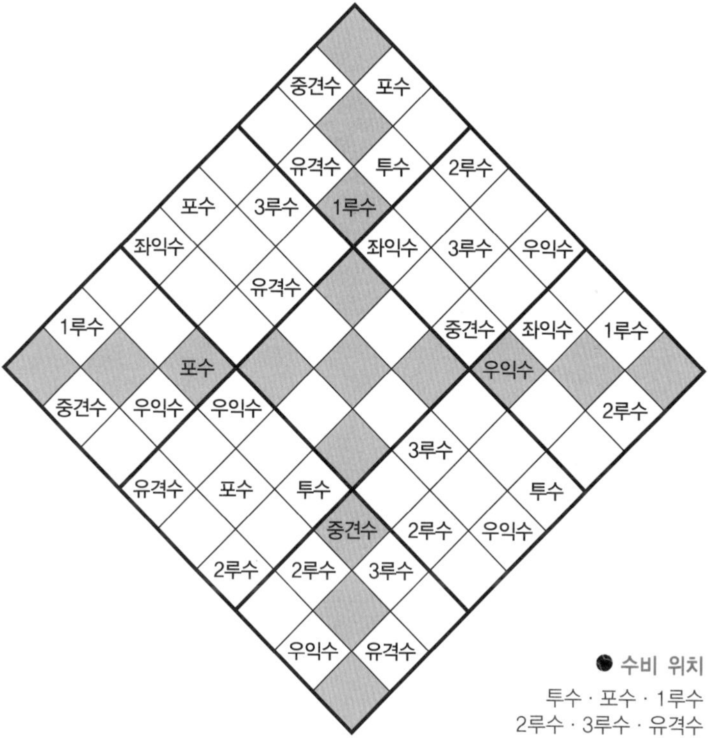

● 수비 위치

투수 · 포수 · 1루수
2루수 · 3루수 · 유격수
좌익수 · 중견수 · 우익수

BASEBALL
SUDOKU

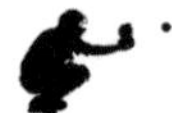

• No. 122
• Date
• Time

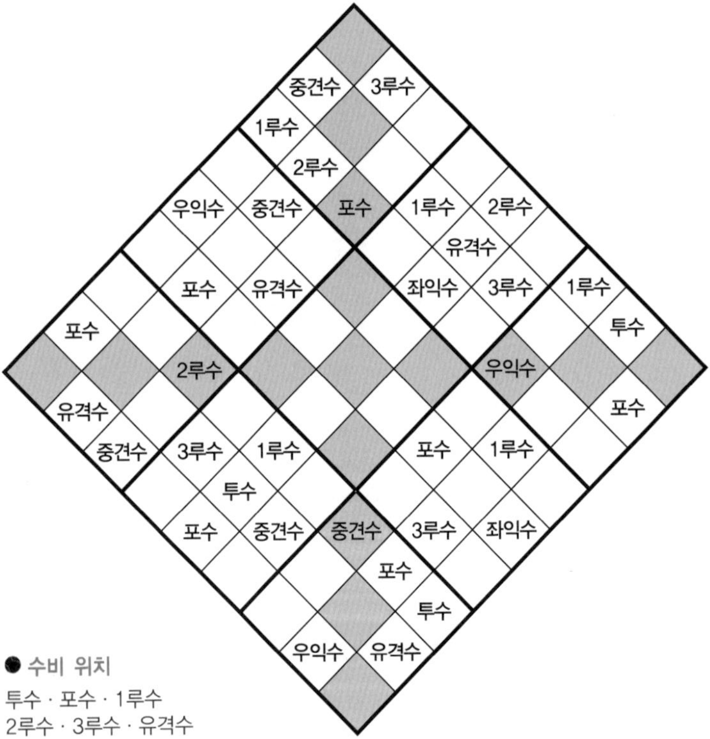

● 수비 위치
투수 · 포수 · 1루수
2루수 · 3루수 · 유격수
좌익수 · 중견수 · 우익수

BASEBALL
SUDOKU

	2루수		
	우익수	좌익수	
우익수	유격수		
		유격수	1루수
좌익수	1루수	2루수	
	포수		투수	중견수	유격수
중견수	포수	유격수	
좌익수			포수
우익수	3루수	2루수	포수	우익수	투수
		우익수		
중견수	유격수	중견수	좌익수	유격수
좌익수	2루수	중견수	2루수
	포수	

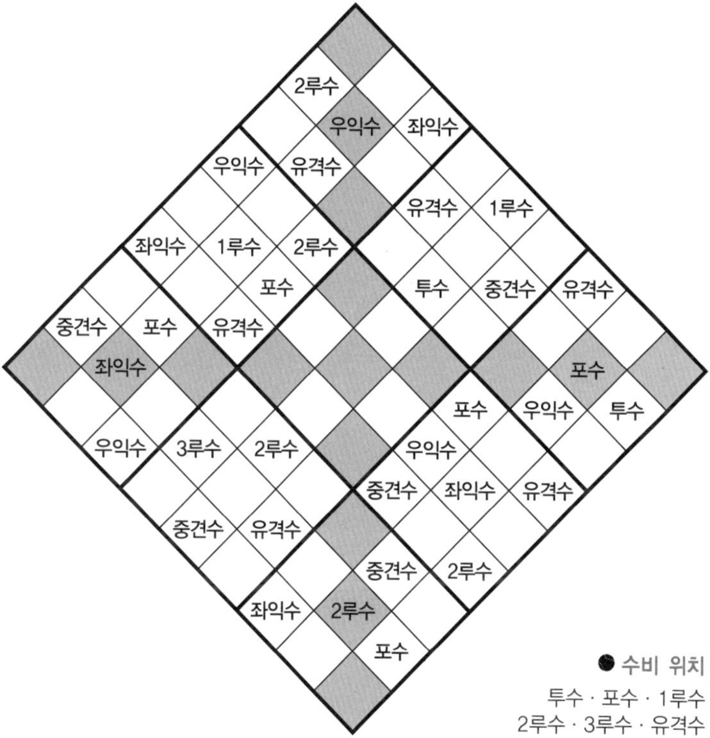

● 수비 위치

투수 · 포수 · 1루수
2루수 · 3루수 · 유격수
좌익수 · 중견수 · 우익수

135

BASEBALL
SUDOKU

- No.   124
- Date
- Time

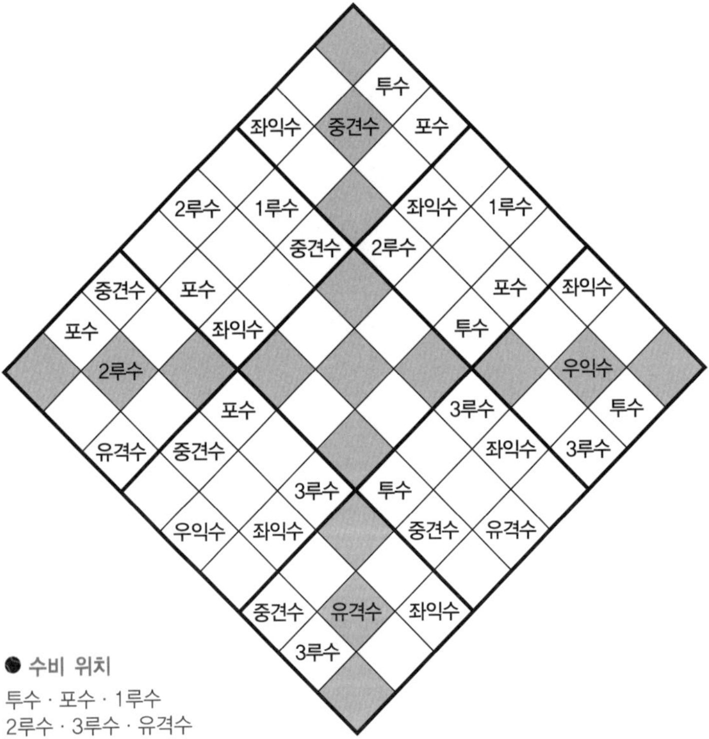

● 수비 위치

투수 · 포수 · 1루수
2루수 · 3루수 · 유격수
좌익수 · 중견수 · 우익수

136

BASEBALL
SUDOKU

- No.　125
- Date
- Time

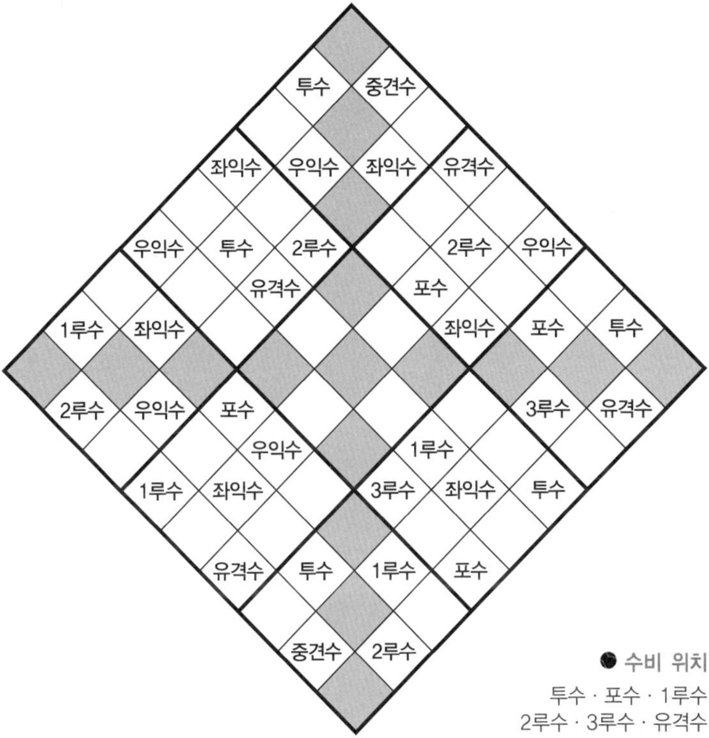

투수　중견수
좌익수　우익수　좌익수　유격수
우익수　투수　2루수　2루수　우익수
유격수　포수
1루수　좌익수　좌익수　포수　투수
2루수　우익수　포수　3루수　유격수
우익수　1루수
1루수　좌익수　3루수　좌익수　투수
유격수　투수　1루수　포수
중견수　2루수

● 수비 위치

투수 · 포수 · 1루수
2루수 · 3루수 · 유격수
좌익수 · 중견수 · 우익수

BASEBALL
SUDOKU

- No.　　126
- Date
- Time

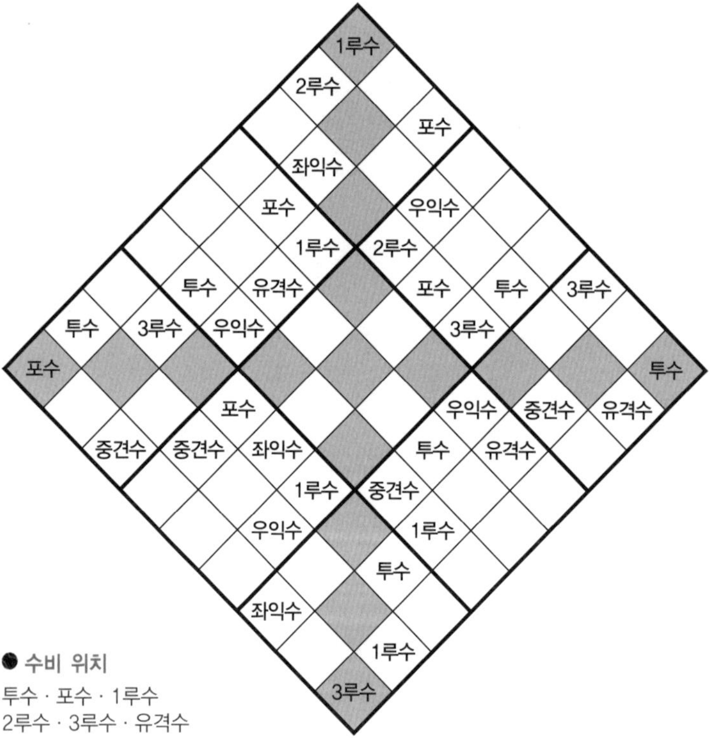

● 수비 위치

투수 · 포수 · 1루수
2루수 · 3루수 · 유격수
좌익수 · 중견수 · 우익수

BASEBALL
SUDOKU

- No. **127**
- Date
- Time

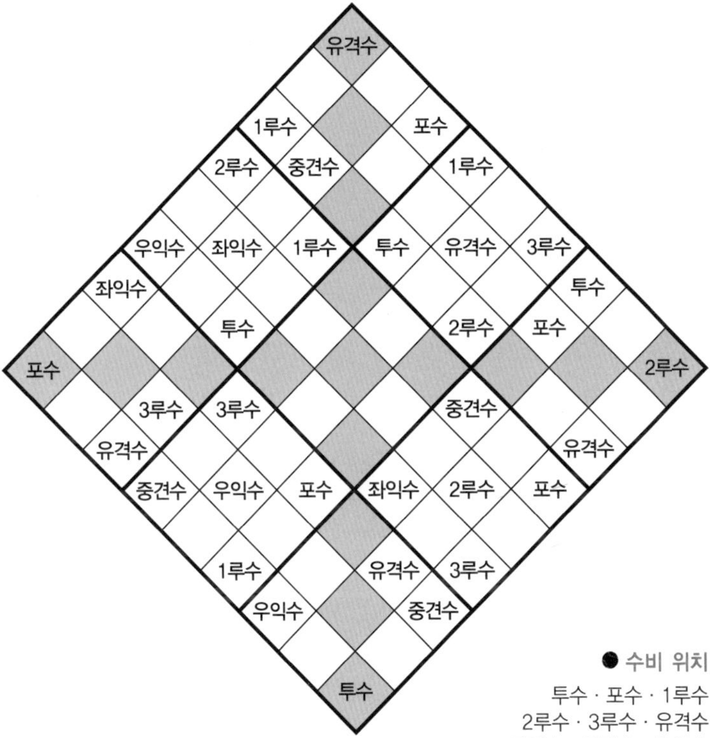

● 수비 위치

투수 · 포수 · 1루수
2루수 · 3루수 · 유격수
좌익수 · 중견수 · 우익수

BASEBALL
SUDOKU

- No.   128
- Date
- Time

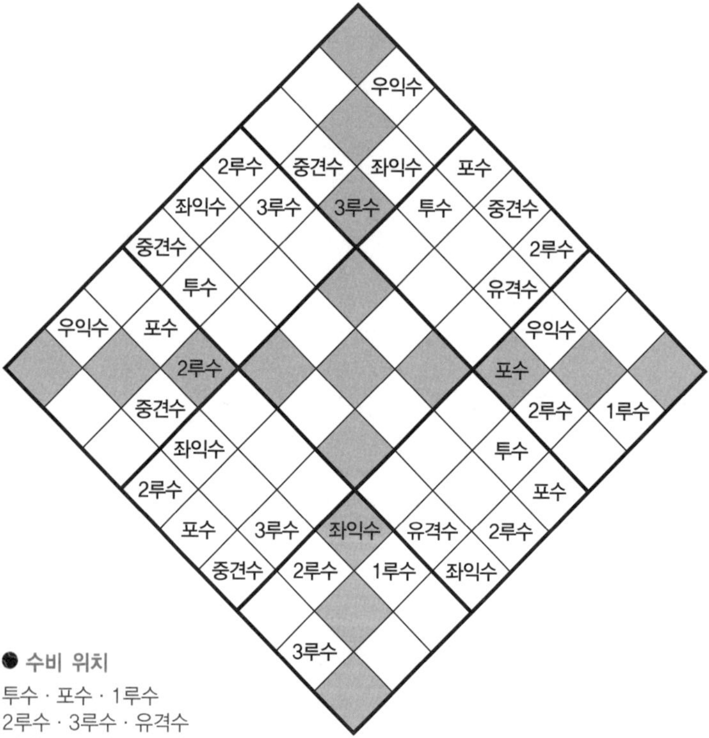

● 수비 위치

투수 · 포수 · 1루수
2루수 · 3루수 · 유격수
좌익수 · 중견수 · 우익수

BASEBALL
SUDOKU

- No.   129
- Date
- Time

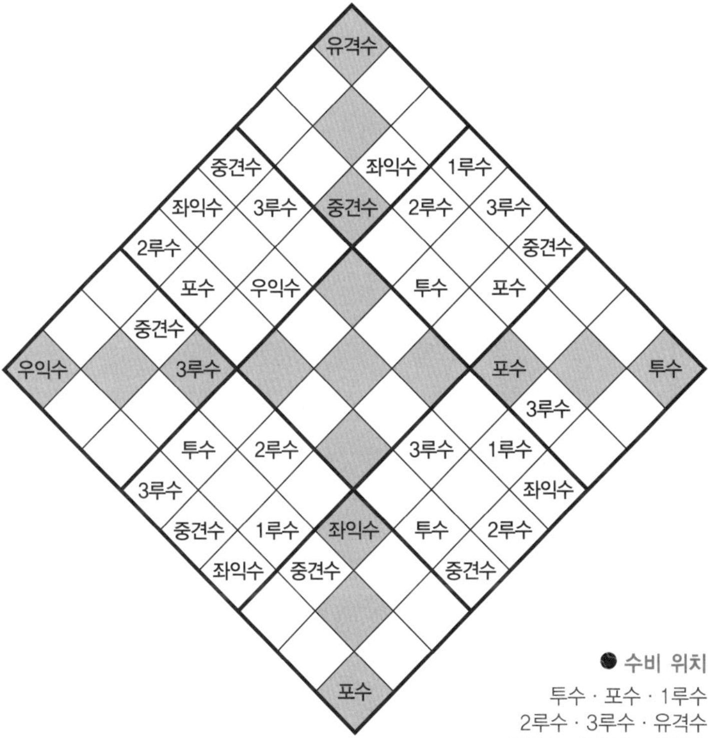

유격수

중견수 · 좌익수 · 1루수
좌익수 · 3루수 · 중견수 · 2루수 · 3루수
2루수 · 포수 · 우익수 · 투수 · 포수 · 중견수
중견수
우익수 · 3루수 · 포수 · 투수
3루수
투수 · 2루수 · 3루수 · 1루수
3루수 · 좌익수
중견수 · 1루수 · 좌익수 · 투수 · 2루수
좌익수 · 중견수 · 중견수

포수

BASEBALL
SUDOKU

- No. 130
- Date
- Time

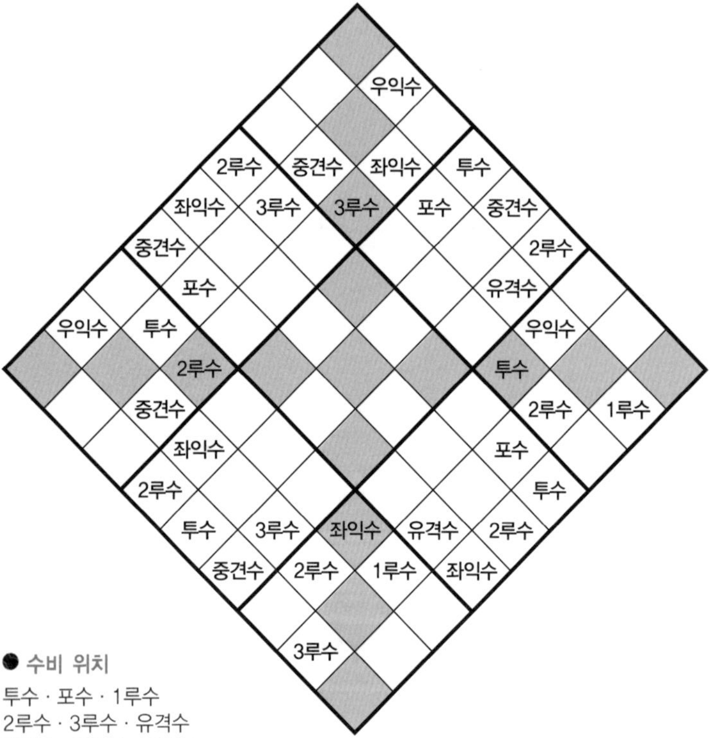

● 수비 위치

투수 · 포수 · 1루수
2루수 · 3루수 · 유격수
좌익수 · 중견수 · 우익수

BASEBALL
SUDOKU

- No.　　131
- Date
- Time

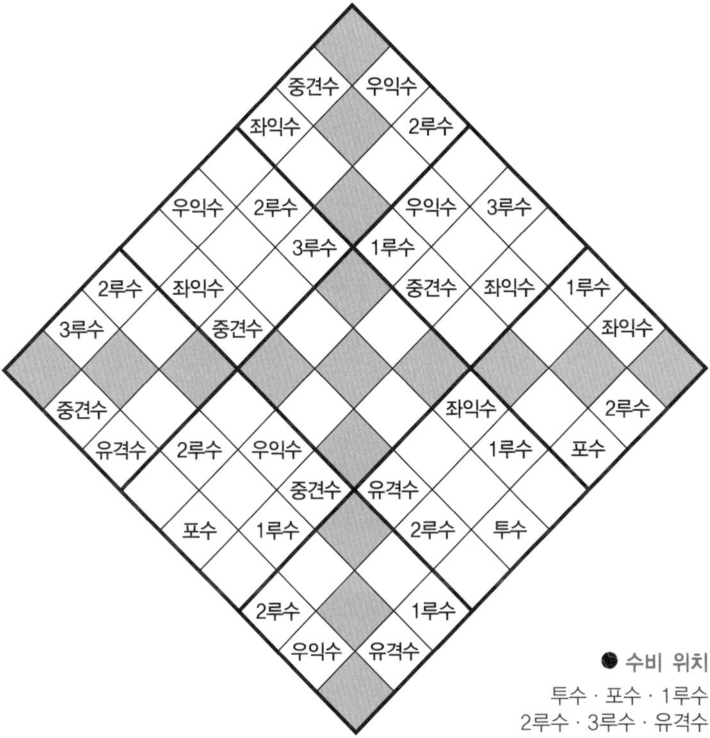

중견수　우익수
좌익수　2루수
우익수　2루수　우익수　3루수
3루수　1루수
2루수　좌익수　중견수　좌익수　1루수
3루수　중견수　좌익수
중견수　좌익수　2루수
유격수　2루수　우익수　1루수　포수
중견수　유격수
포수　1루수　2루수　투수
2루수　1루수
우익수　유격수

● 수비 위치
투수 · 포수 · 1루수
2루수 · 3루수 · 유격수
좌익수 · 중견수 · 우익수

BASEBALL
SUDOKU

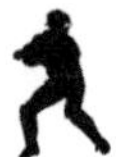

- No. 132
- Date
- Time

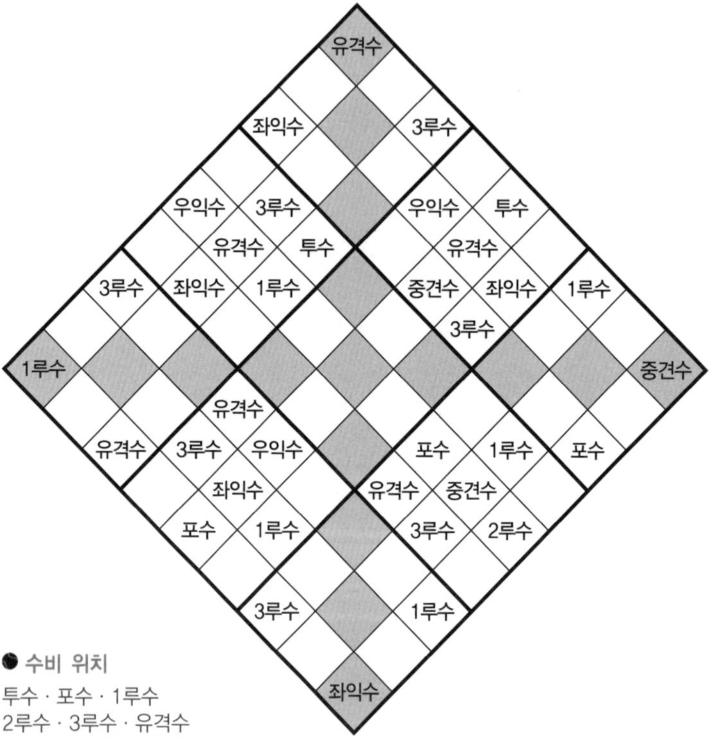

수비 위치

투수 · 포수 · 1루수
2루수 · 3루수 · 유격수
좌익수 · 중견수 · 우익수

BASEBALL
SUDOKU

- No.　　133
- Date
- Time

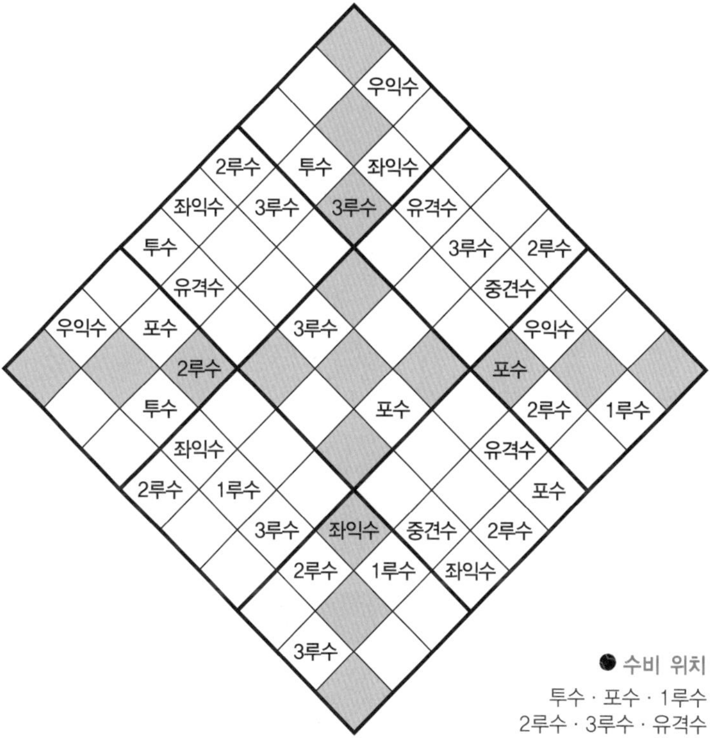

우익수

2루수　투수　좌익수

좌익수　3루수　3루수　유격수

투수　　　　　　　3루수　2루수

유격수　　　　　　중견수

우익수　포수　　　3루수　　　우익수

　　2루수　　　　　　　포수

투수　　　　　포수　　　2루수　1루수

좌익수　　　　　유격수

2루수　1루수　　　　　포수

　　3루수　좌익수　중견수　2루수

　　2루수　1루수　좌익수

3루수

BASEBALL
SUDOKU

- No. 134
- Date
- Time

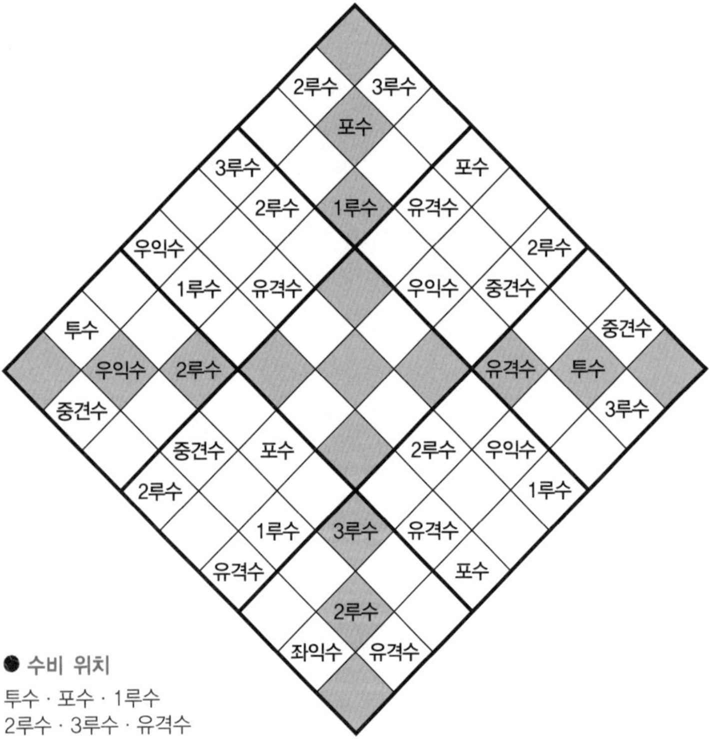

● 수비 위치

투수 · 포수 · 1루수
2루수 · 3루수 · 유격수
좌익수 · 중견수 · 우익수

146

BASEBALL
SUDOKU

- No.   135
- Date
- Time

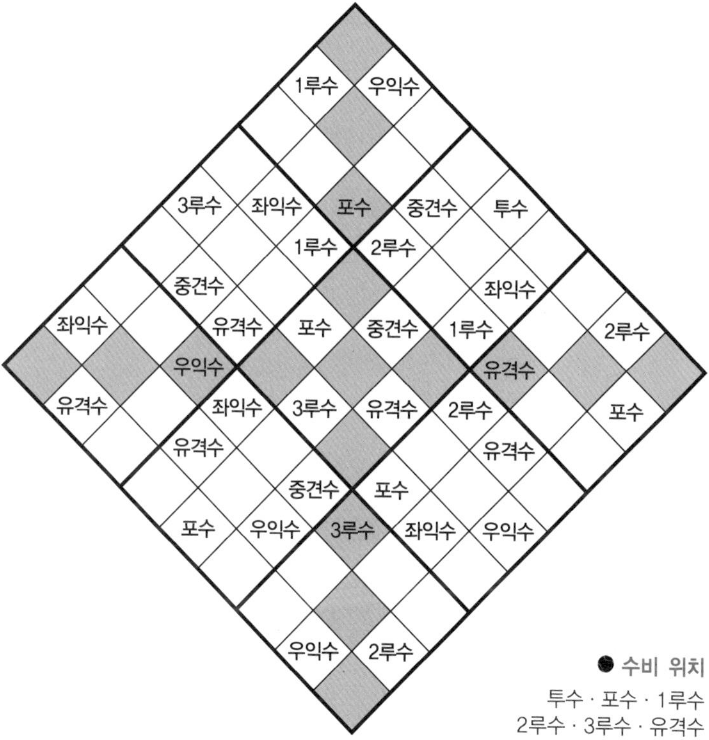

● 수비 위치

투수 · 포수 · 1루수
2루수 · 3루수 · 유격수
좌익수 · 중견수 · 우익수

BASEBALL
SUDOKU

- No.　136
- Date
- Time

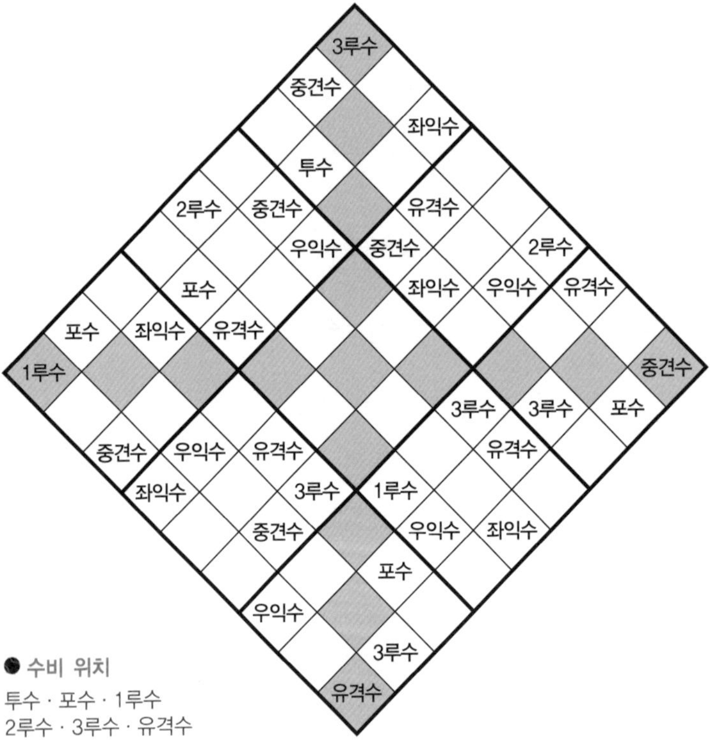

● 수비 위치

투수 · 포수 · 1루수
2루수 · 3루수 · 유격수
좌익수 · 중견수 · 우익수

BASEBALL
SUDOKU

- No.　　137
- Date
- Time

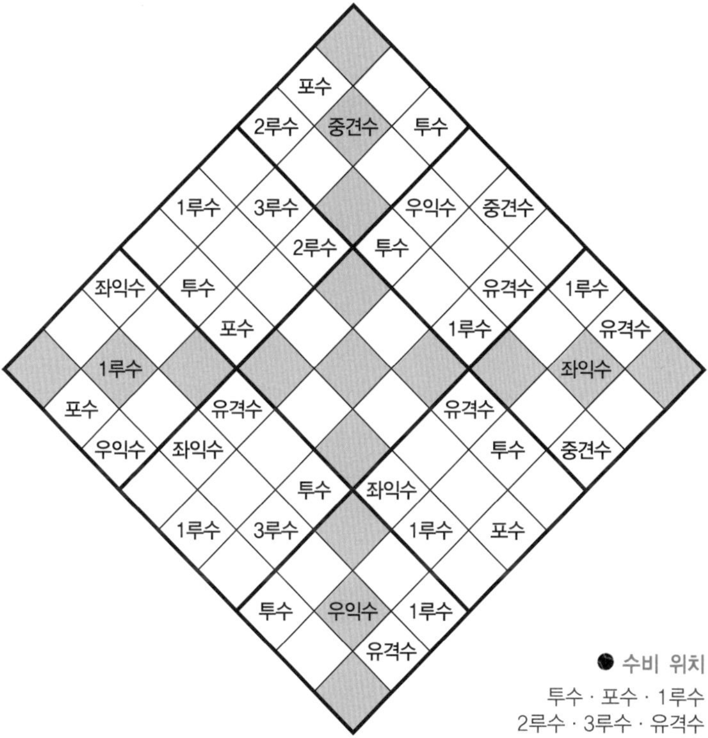

포수
2루수　중견수　투수
1루수　3루수　　　우익수　중견수
2루수　투수
좌익수　투수　　　　　　유격수　1루수
포수　　　1루수　유격수
1루수　　　　　　　좌익수
포수　유격수　　　유격수
우익수　좌익수　　　투수　중견수
투수　좌익수
1루수　3루수　　1루수　포수
투수　우익수　1루수
유격수

BASEBALL
SUDOKU

- No.　　　138
- Date
- Time

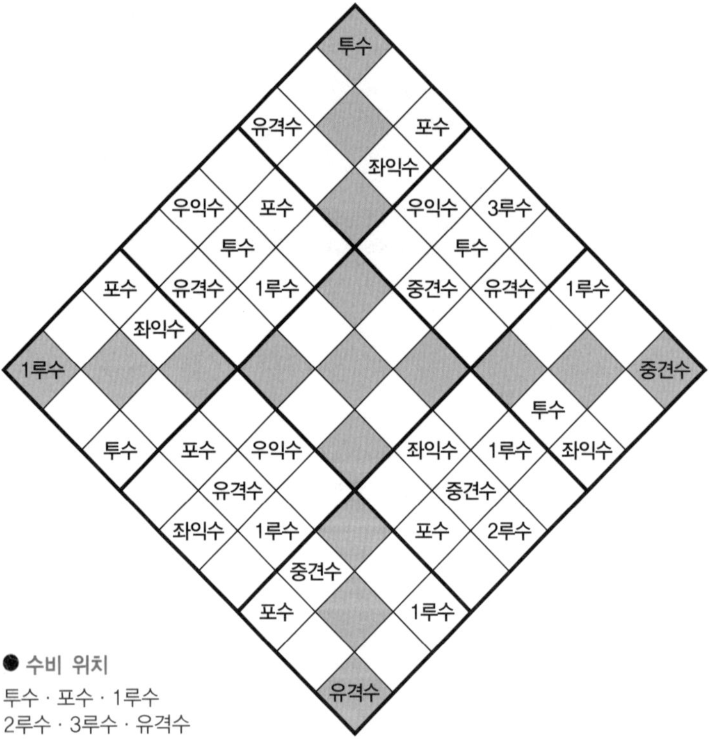

● 수비 위치

투수 · 포수 · 1루수
2루수 · 3루수 · 유격수
좌익수 · 중견수 · 우익수

BASEBALL
SUDOKU

• No.　139

• Date

• Time

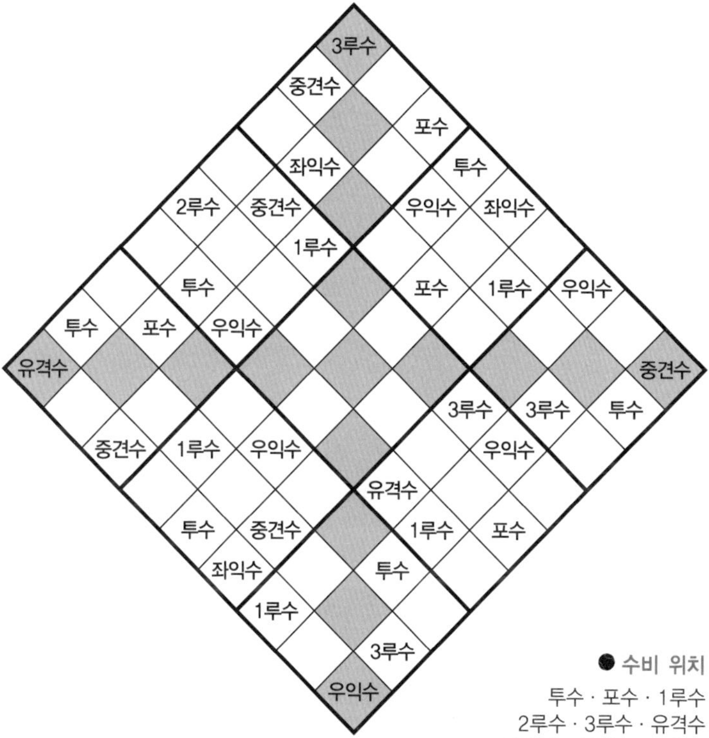

● 수비 위치

투수 · 포수 · 1루수
2루수 · 3루수 · 유격수
좌익수 · 중견수 · 우익수

151

BASEBALL
SUDOKU

- No.   140
- Date
- Time

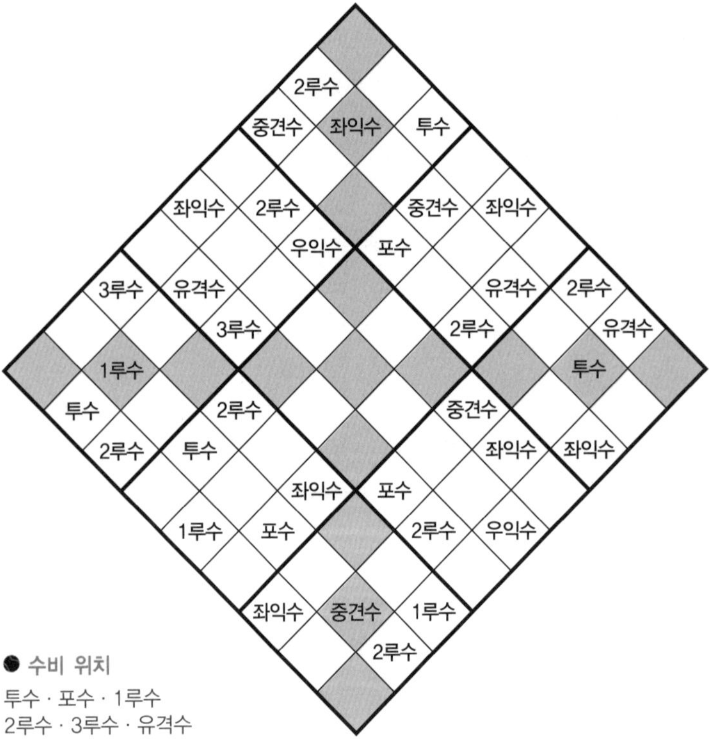

2루수
중견수 · 좌익수 · 투수
좌익수 · 2루수 · 중견수 · 좌익수
우익수 · 포수
3루수 · 유격수 · 유격수 · 2루수
3루수 · 2루수 · 유격수
1루수 · 투수
투수 · 2루수 · 중견수
2루수 · 투수 · 좌익수 · 좌익수
좌익수 · 포수
1루수 · 포수 · 2루수 · 우익수
좌익수 · 중견수 · 1루수
2루수

● 수비 위치

투수 · 포수 · 1루수
2루수 · 3루수 · 유격수
좌익수 · 중견수 · 우익수

BASEBALL
SUDOKU

- No.   141
- Date
- Time

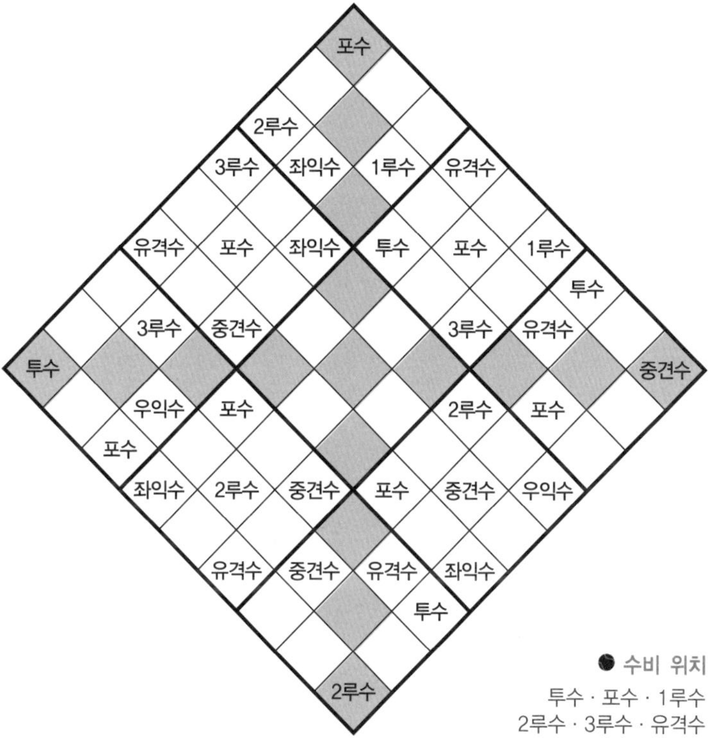

포수

2루수

3루수 | 좌익수 | 1루수 | 유격수

유격수 | 포수 | 좌익수 | 투수 | 포수 | 1루수

투수

3루수 | 중견수 | 3루수 | 유격수

투수 | 중견수

우익수 | 포수 | 2루수 | 포수

포수

좌익수 | 2루수 | 중견수 | 포수 | 중견수 | 우익수

유격수 | 중견수 | 유격수 | 좌익수

투수

2루수

● 수비 위치

투수 · 포수 · 1루수
2루수 · 3루수 · 유격수
좌익수 · 중견수 · 우익수

153

BASEBALL
SUDOKU

- No.   142
- Date
- Time

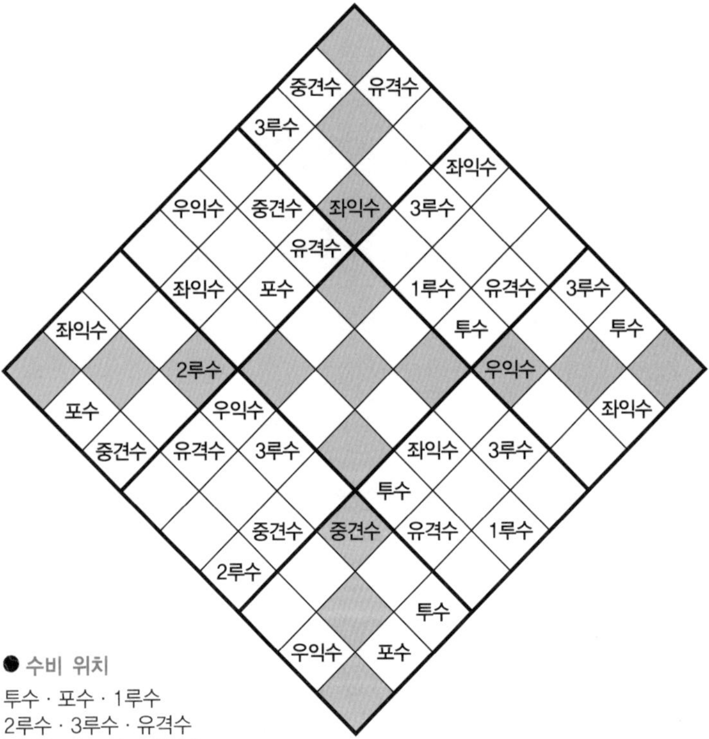

● 수비 위치

투수 · 포수 · 1루수
2루수 · 3루수 · 유격수
좌익수 · 중견수 · 우익수

• No.　　143
• Date
• Time

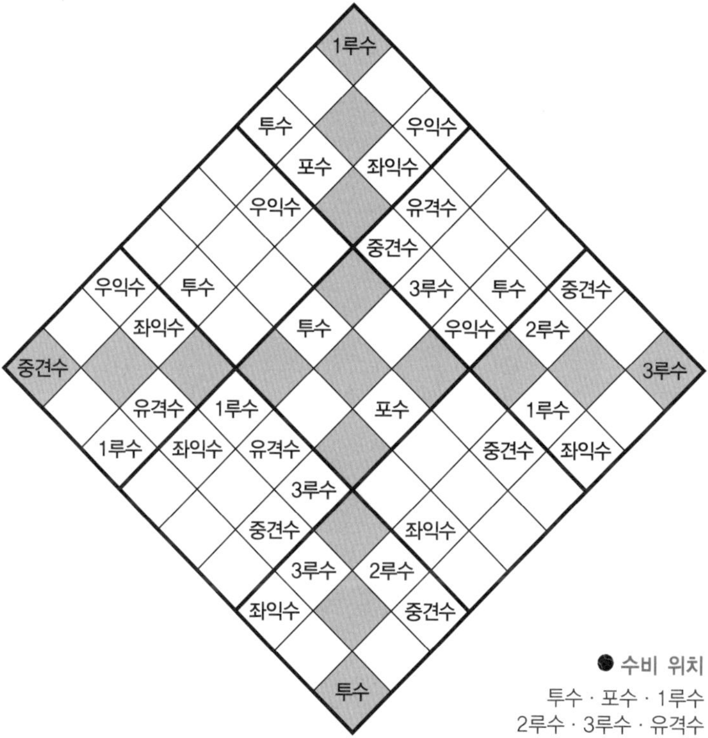

The puzzle grid (diamond layout) contains the following baseball position labels:

- 1루수
- 투수 · 우익수
- 포수 · 좌익수
- 우익수 · 유격수
- 중견수
- 우익수 · 투수 · 3루수 · 투수 · 중견수
- 좌익수 · 투수 · 우익수 · 2루수
- 중견수 · 3루수
- 유격수 · 1루수 · 포수 · 1루수
- 1루수 · 좌익수 · 유격수 · 중견수 · 좌익수
- 3루수
- 중견수 · 좌익수
- 3루수 · 2루수
- 좌익수 · 중견수
- 투수

● 수비 위치
투수 · 포수 · 1루수
2루수 · 3루수 · 유격수
좌익수 · 중견수 · 우익수

BASEBALL
SUDOKU

- No. **144**
- Date
- Time

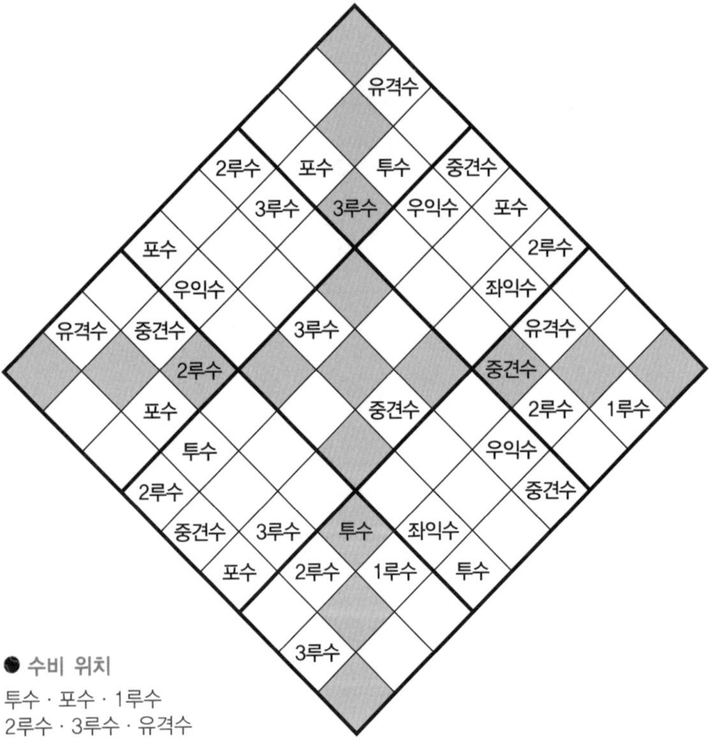

● 수비 위치

투수 · 포수 · 1루수
2루수 · 3루수 · 유격수
좌익수 · 중견수 · 우익수

BASEBALL
SUDOKU

- No. **145**
- Date
- Time

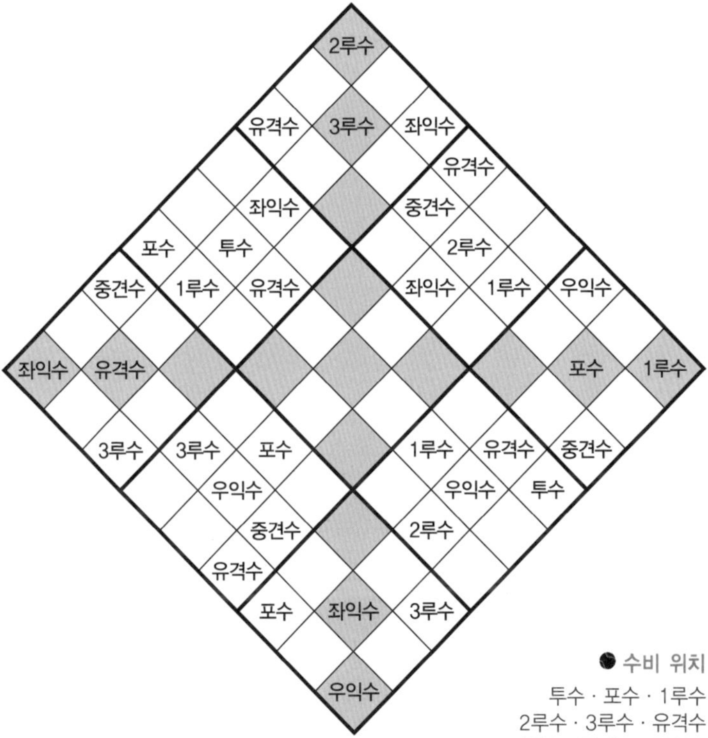

2루수

유격수 | 3루수 | 좌익수

유격수

좌익수 | 중견수

포수 | 투수 | 2루수

중견수 | 1루수 | 유격수 | 좌익수 | 1루수 | 우익수

좌익수 | 유격수 | 포수 | 1루수

3루수 | 3루수 | 포수 | 1루수 | 유격수 | 중견수

우익수 | 우익수 | 투수

중견수 | 2루수

유격수

포수 | 좌익수 | 3루수

우익수

● 수비 위치

투수 · 포수 · 1루수
2루수 · 3루수 · 유격수
좌익수 · 중견수 · 우익수

BASEBALL
SUDOKU

- No.   146
- Date
- Time

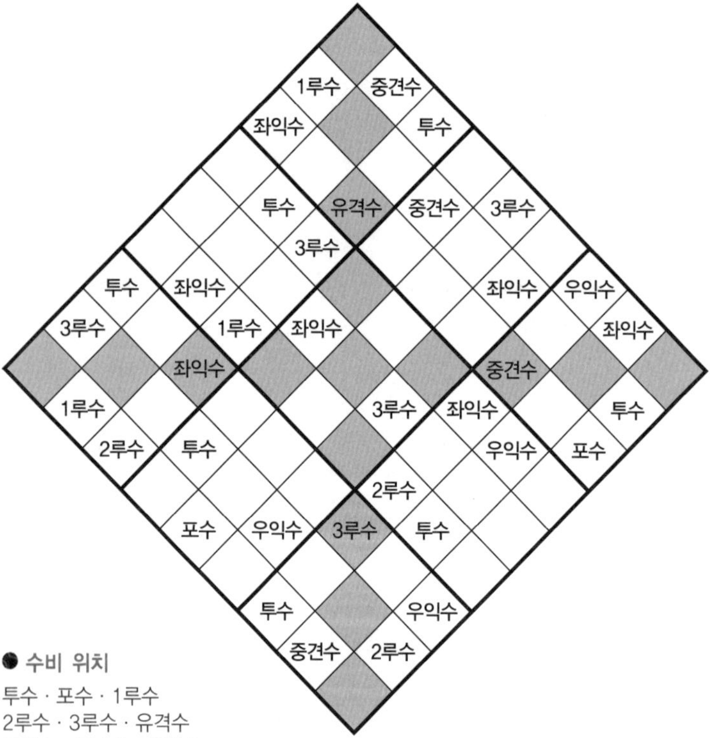

● 수비 위치

투수 · 포수 · 1루수
2루수 · 3루수 · 유격수
좌익수 · 중견수 · 우익수

BASEBALL
SUDOKU

- No.　　147
- Date
- Time

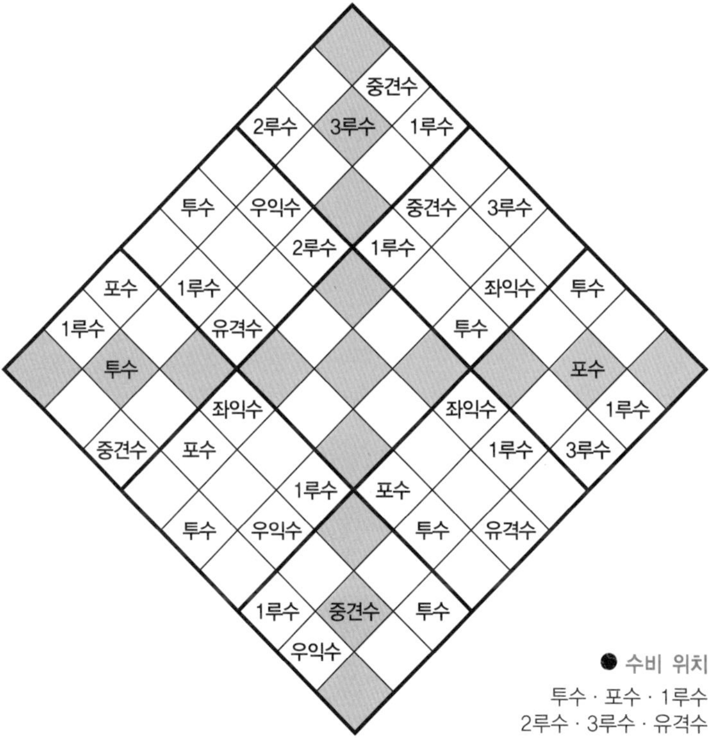

중견수

2루수　3루수　1루수

투수　우익수　중견수　3루수

2루수　1루수

포수　1루수　좌익수　투수

1루수　유격수　투수

투수　포수　좌익수

중견수　포수　좌익수　1루수

1루수　3루수

1루수　포수

투수　우익수　투수　유격수

1루수　중견수　투수

우익수

● 수비 위치

투수 · 포수 · 1루수
2루수 · 3루수 · 유격수
좌익수 · 중견수 · 우익수

BASEBALL
SUDOKU

- No.　　148
- Date
- Time

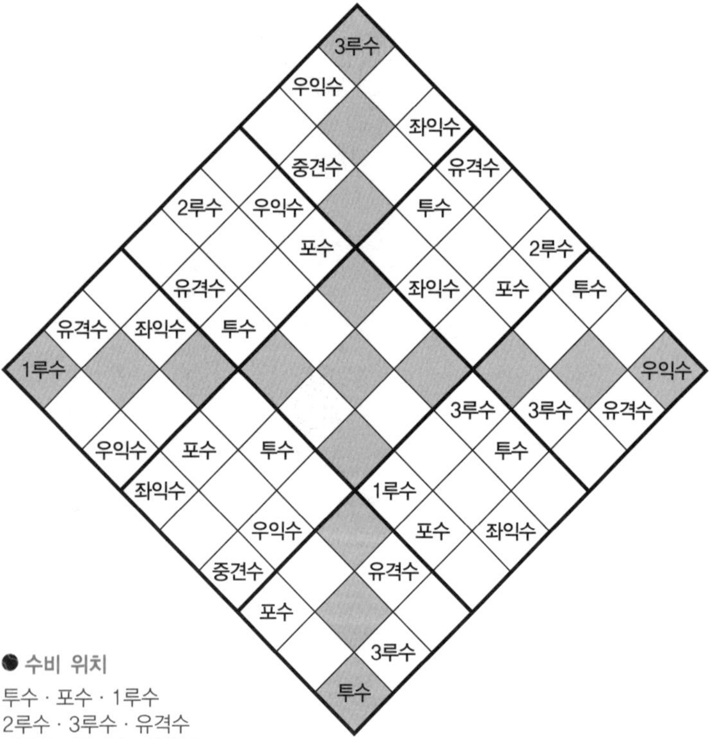

● 수비 위치

투수 · 포수 · 1루수
2루수 · 3루수 · 유격수
좌익수 · 중견수 · 우익수

BASEBALL
SUDOKU

- No.   149
- Date
- Time

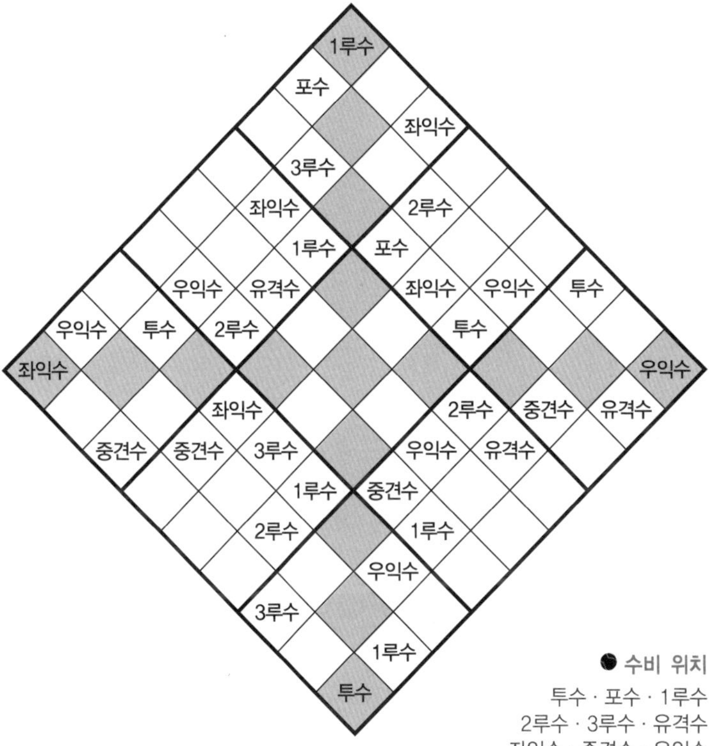

● 수비 위치

투수 · 포수 · 1루수
2루수 · 3루수 · 유격수
좌익수 · 중견수 · 우익수

BASEBALL
SUDOKU

- No.　150
- Date
- Time

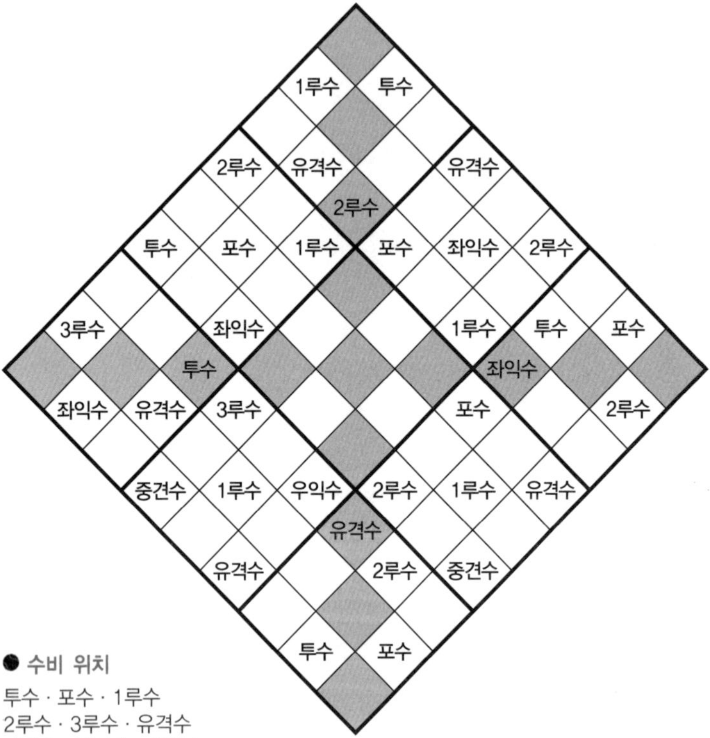

● 수비 위치

투수 · 포수 · 1루수
2루수 · 3루수 · 유격수
좌익수 · 중견수 · 우익수

아구스도쿠
중급
정답

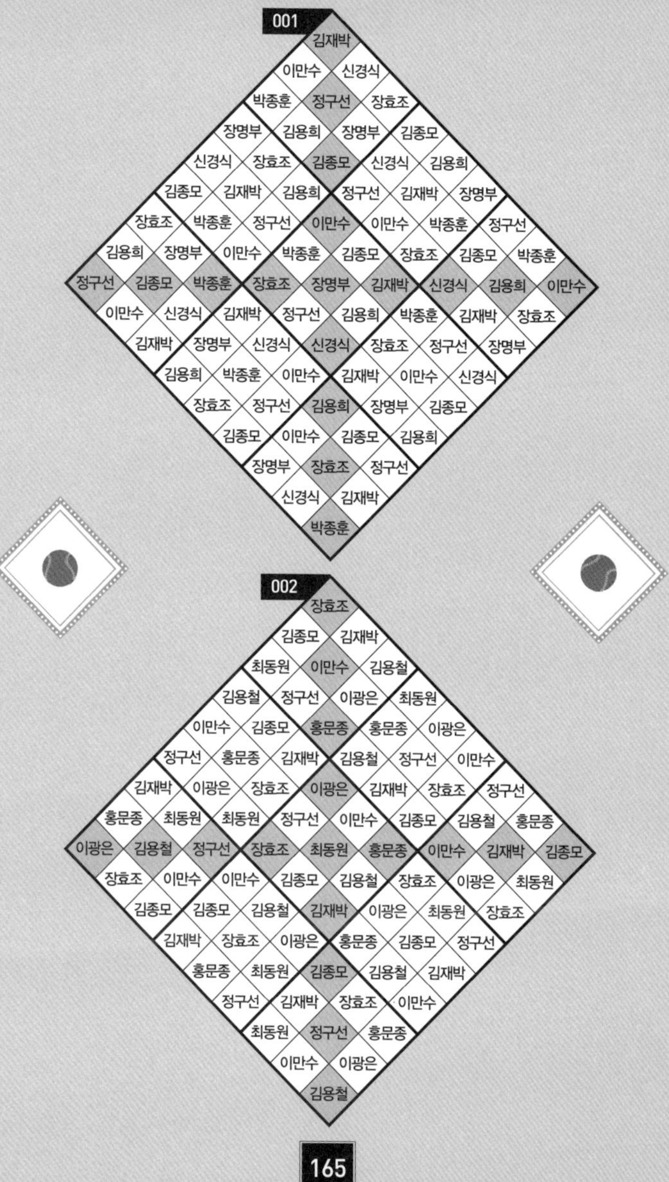

001
김재박
이만수 신경식
박종훈 정구선 장효조
장명부 김용희 장명부 김종모
신경식 장효조 김종모 신경식 김용희
김종모 김재박 김용희 정구선 김재박 장명부
장효조 박종훈 정구선 이만수 이만수 박종훈 정구선
김용희 장명부 이만수 박종훈 김종모 장효조 김종모 박종훈
정구선 김종모 박종훈 장효조 장명부 김재박 신경식 김용희 이만수
이만수 신경식 김재박 정구선 김용희 박종훈 김재박 장효조
김재박 장명부 신경식 신경식 장효조 정구선 장명부
김용희 박종훈 이만수 김재박 이만수 신경식
장효조 정구선 김용희 장명부 김종모
김종모 이만수 김종모 김용희
장명부 장효조 정구선
신경식 김재박
박종훈

002
장효조
김종모 김재박
최동원 이만수 김용철
김용철 정구선 이광은 최동원
이만수 김종모 홍문종 홍문종 이광은
정구선 홍문종 김재박 김용철 정구선 이만수
김재박 이광은 장효조 이광은 김재박 장효조 정구선
홍문종 최동원 최동원 정구선 이만수 김종모 김용철 홍문종
이광은 김용철 정구선 장효조 최동원 홍문종 이만수 김재박 김종모
장효조 이만수 이만수 김종모 김용철 장효조 이광은 최동원
김종모 김종모 김용철 김재박 이광은 최동원 장효조
김재박 장효조 이광은 홍문종 김종모 정구선
홍문종 최동원 김종모 김용철 김재박
정구선 김재박 장효조 이만수
최동원 정구선 홍문종
이만수 이광은
김용철

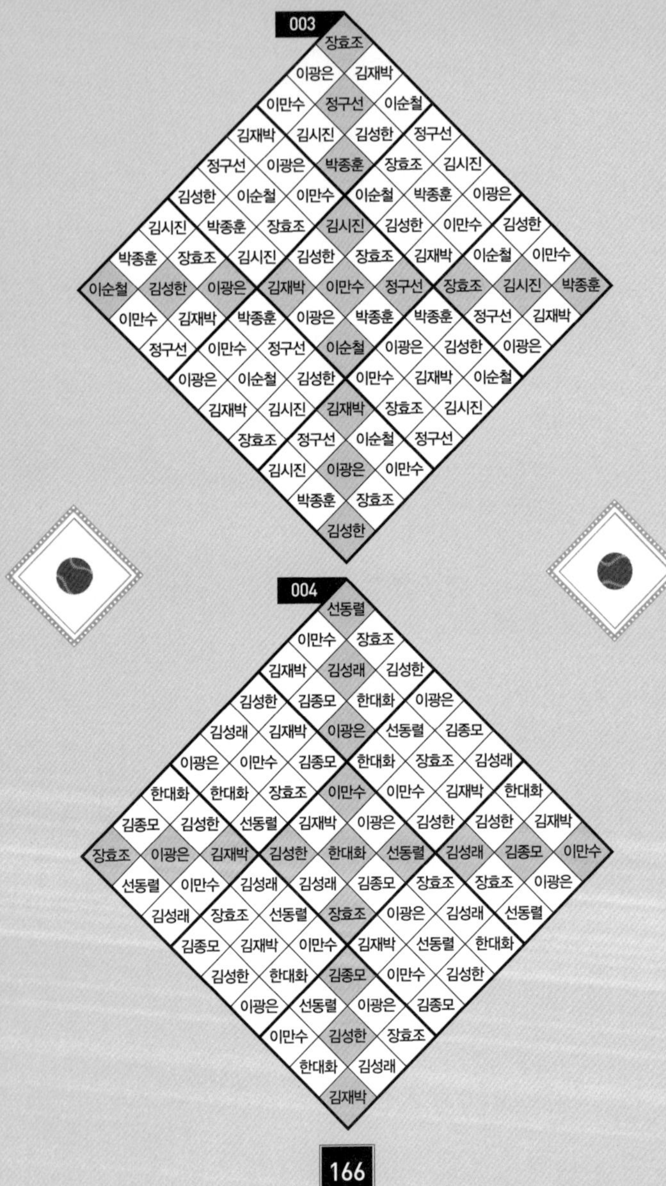
장효조
이광은 김재박
이만수 정구선 이순철
김재박 김시진 김성한 정구선
정구선 이광은 박종훈 장효조 김시진
김성한 이순철 이만수 이순철 박종훈 이광은
김시진 박종훈 장효조 김시진 김성한 이만수 김성한
박종훈 장효조 김시진 김성한 장효조 김재박 이순철 이만수
이순철 김성한 이광은 김재박 이만수 정구선 장효조 김시진 박종훈
이만수 김재박 박종훈 이광은 박종훈 박종훈 정구선 김재박
정구선 이만수 정구선 이순철 이광은 김성한 이광은
이광은 이순철 김성한 이만수 김재박 이순철
김재박 김시진 김재박 장효조 김시진
장효조 정구선 이순철 정구선
김시진 이광은 이만수
박종훈 장효조
김성한

선동렬
이만수 장효조
김재박 김성래 김성한
김성한 김종모 한대화 이광은
김성래 김재박 이광은 선동렬 김종모
이광은 이만수 김종모 한대화 장효조 김성래
한대화 한대화 장효조 이만수 이만수 김재박 한대화
김종모 김성한 선동렬 김재박 이광은 김성한 김성한 김재박
장효조 이광은 김재박 김성한 한대화 선동렬 김성래 김종모 이만수
선동렬 이만수 김성래 김성래 김종모 장효조 장효조 이광은
김성래 장효조 선동렬 장효조 이광은 김성래 선동렬
김종모 김재박 이만수 김재박 선동렬 한대화
김성한 한대화 김종모 이만수 김성한
이광은 선동렬 이광은 김종모
이만수 김성한 장효조
한대화 김성래
김재박

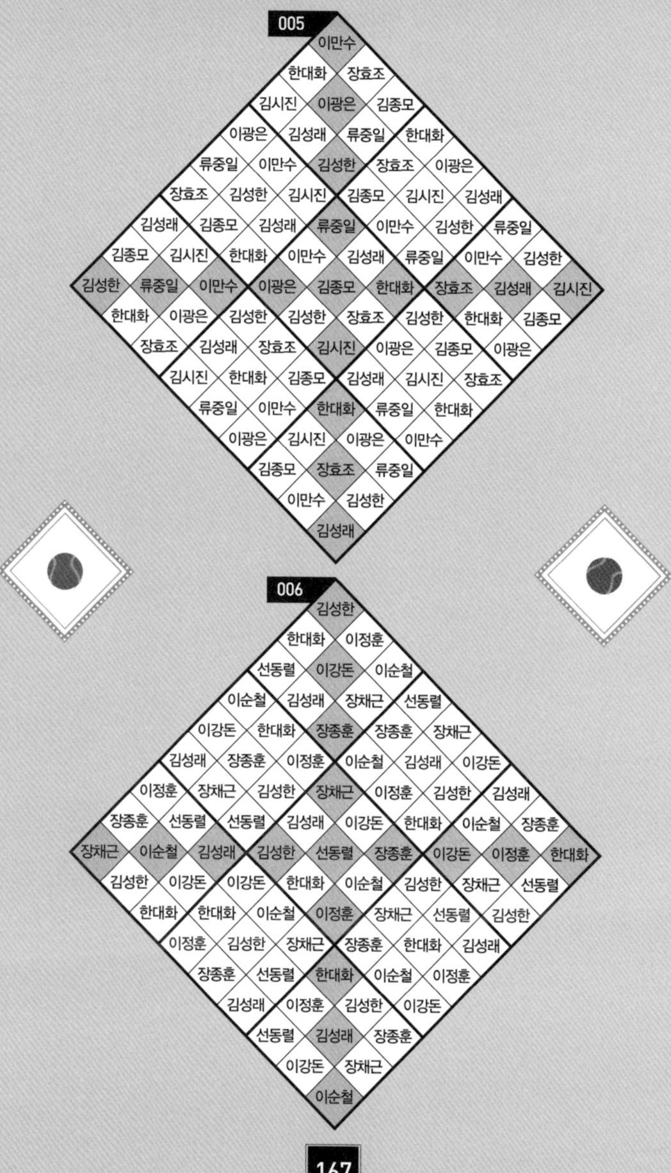

005
006

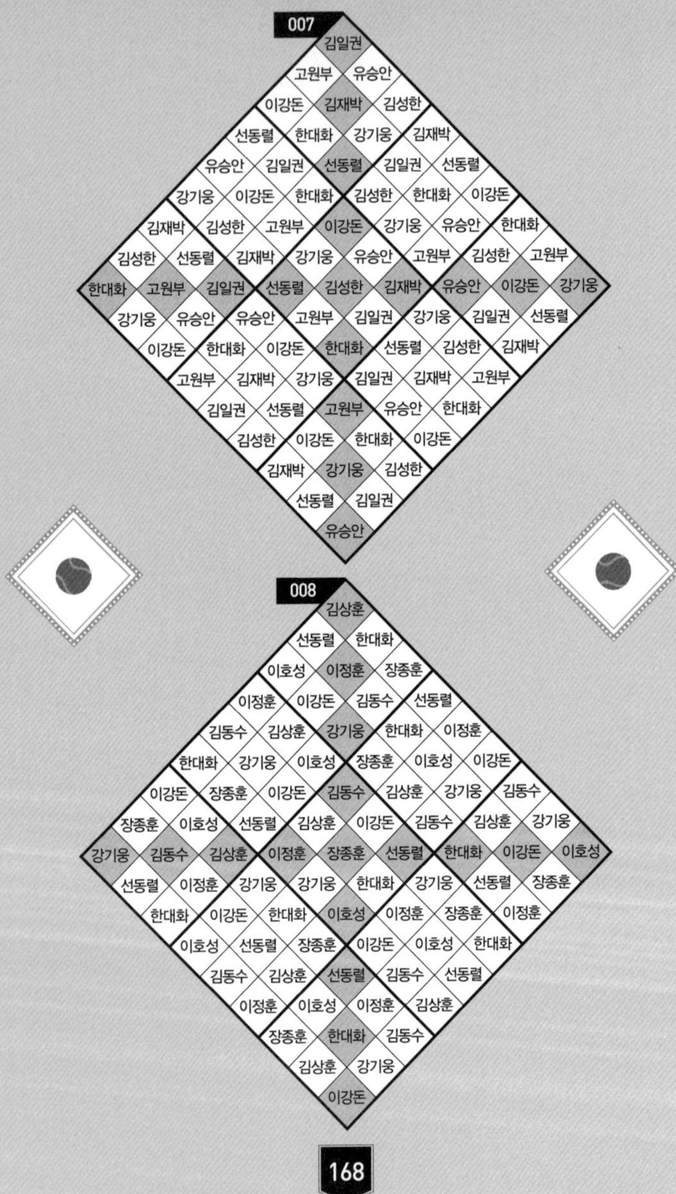
007
김일권
고원부 유승안
이강돈 김재박 김성한
선동렬 한대화 강기웅 김재박
유승안 김일권 선동렬 김일권 선동렬
강기웅 이강돈 한대화 김성한 한대화 이강돈
김재박 김성한 고원부 이강돈 강기웅 유승안 한대화
김성한 선동렬 김재박 강기웅 유승안 고원부 김성한 고원부
한대화 고원부 김일권 선동렬 김성한 김재박 유승안 이강돈 강기웅
강기웅 유승안 유승안 고원부 김일권 강기웅 김일권 선동렬
이강돈 한대화 이강돈 한대화 선동렬 김성한 김재박
고원부 김재박 강기웅 김일권 김재박 고원부
김일권 선동렬 고원부 유승안 한대화
김성한 이강돈 한대화 이강돈
김재박 강기웅 김성한
선동렬 김일권
유승안

008
김상훈
선동렬 한대화
이호성 이정훈 장종훈
이정훈 이강돈 김동수 선동렬
김동수 김상훈 강기웅 한대화 이정훈
한대화 강기웅 이호성 장종훈 이호성 이강돈
이강돈 장종훈 이강돈 김동수 김상훈 강기웅 김동수
장종훈 이호성 선동렬 김상훈 이강돈 김동수 김상훈 강기웅
강기웅 김동수 김상훈 이정훈 장종훈 선동렬 한대화 이강돈 이호성
선동렬 이정훈 강기웅 강기웅 한대화 강기웅 선동렬 장종훈
한대화 이강돈 한대화 이호성 이정훈 장종훈 이정훈
이호성 선동렬 장종훈 이강돈 이호성 한대화
김동수 김상훈 선동렬 김동수 선동렬
이정훈 이호성 이정훈 김상훈
장종훈 한대화 김동수
김상훈 강기웅
이강돈

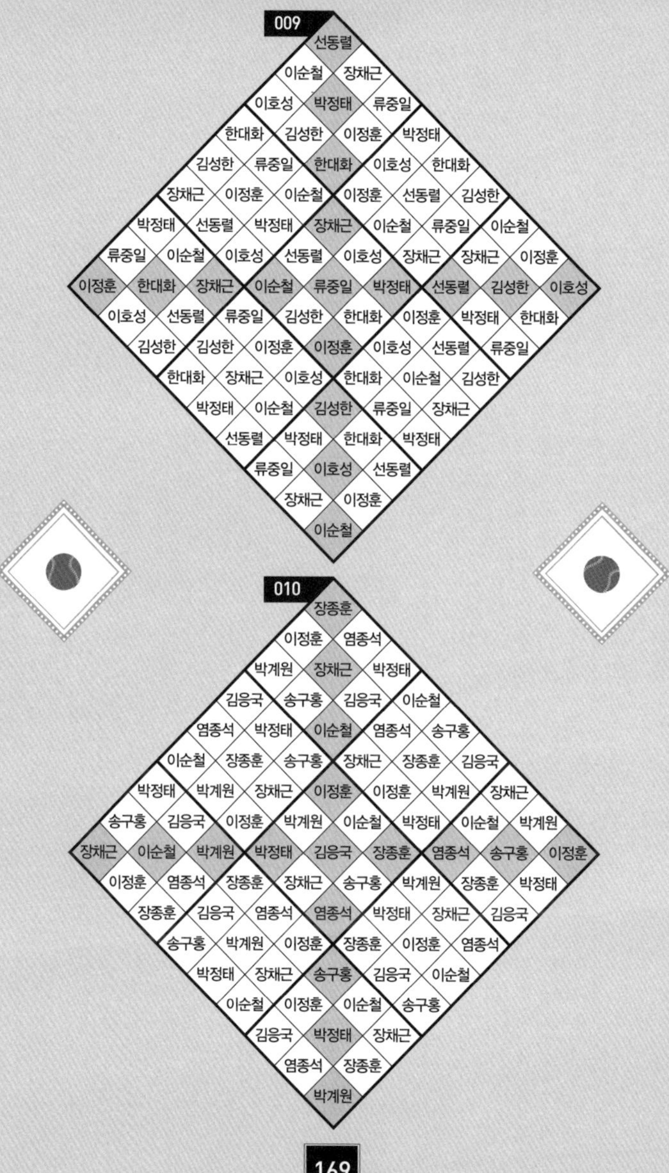
009
선동렬
이순철 장채근
이호성 박정태 류중일
한대화 김성한 이정훈 박정태
김성한 류중일 한대화 이호성 한대화
장채근 이정훈 이순철 이정훈 선동렬 김성한
박정태 선동렬 박정태 장채근 이순철 류중일 이순철
류중일 이순철 이호성 선동렬 이호성 장채근 장채근 이정훈
이정훈 한대화 장채근 이순철 류중일 박정태 선동렬 김성한 이호성
이호성 선동렬 류중일 김성한 한대화 이정훈 박정태 한대화
김성한 김성한 이정훈 이정훈 이호성 선동렬 류중일
한대화 장채근 이호성 한대화 이순철 김성한
박정태 이순철 김성한 류중일 장채근
선동렬 박정태 한대화 박정태
류중일 이호성 선동렬
장채근 이정훈
이순철

010
장종훈
이정훈 염종석
박계원 장채근 박정태
김응국 송구홍 김응국 이순철
염종석 박정태 이순철 염종석 송구홍
이순철 장종훈 송구홍 장채근 장종훈 김응국
박정태 박계원 장채근 이정훈 이정훈 박계원 장채근
송구홍 김응국 이정훈 박계원 이순철 박정태 이순철 박계원
장채근 이순철 박계원 박정태 김응국 장종훈 염종석 송구홍 이정훈
이정훈 염종석 장종훈 장채근 송구홍 박계원 장종훈 박정태
장종훈 김응국 염종석 염종석 박정태 장채근 김응국
송구홍 박계원 이정훈 장종훈 이정훈 염종석
박정태 장채근 송구홍 김응국 이순철
이순철 이정훈 이순철 송구홍
김응국 박정태 장채근
염종석 장종훈
박계원

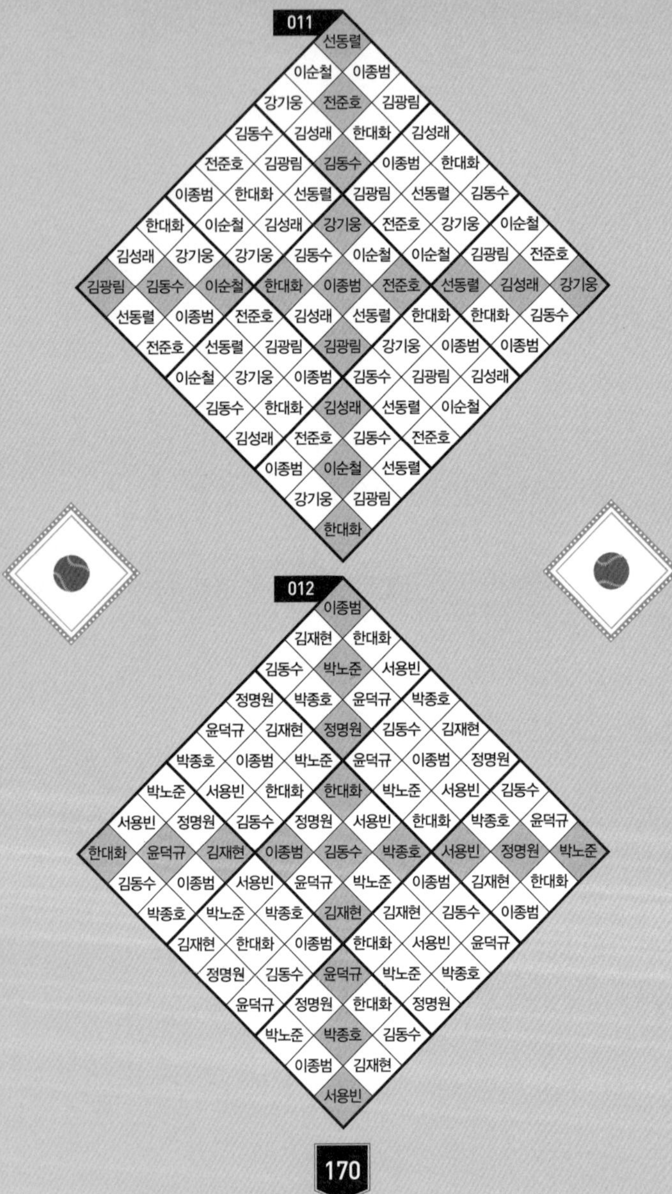
011
선동렬
이순철 이종범
강기웅 전준호 김광림
김동수 김성래 한대화 김성래
전준호 김광림 김동수 이종범 한대화
이종범 한대화 선동렬 김광림 선동렬 김동수
한대화 이순철 김성래 강기웅 전준호 강기웅 이순철
김성래 강기웅 강기웅 김동수 이순철 이순철 김광림 전준호
김광림 김동수 이순철 한대화 이종범 전준호 선동렬 김성래 강기웅
선동렬 이종범 전준호 김성래 선동렬 한대화 한대화 김동수
전준호 선동렬 김광림 김광림 강기웅 이종범 이종범
이순철 강기웅 이종범 김동수 김광림 김성래
김동수 한대화 김성래 선동렬 이순철
김성래 전준호 김동수 전준호
이종범 이순철 선동렬
강기웅 김광림
한대화
012
이종범
김재현 한대화
김동수 박노준 서용빈
정명원 박종호 윤덕규 박종호
윤덕규 김재현 정명원 김동수 김재현
박종호 이종범 박노준 윤덕규 이종범 정명원
박노준 서용빈 한대화 한대화 박노준 서용빈 김동수
서용빈 정명원 김동수 정명원 서용빈 한대화 박종호 윤덕규
한대화 윤덕규 김재현 이종범 김동수 박종호 서용빈 정명원 박노준
김동수 이종범 서용빈 윤덕규 박노준 이종범 김재현 한대화
박종호 박노준 박종호 김재현 김재현 김동수 이종범
김재현 한대화 이종범 한대화 서용빈 윤덕규
정명원 김동수 윤덕규 박노준 박종호
윤덕규 정명원 한대화 정명원
박노준 박종호 김동수
이종범 김재현
서용빈
170

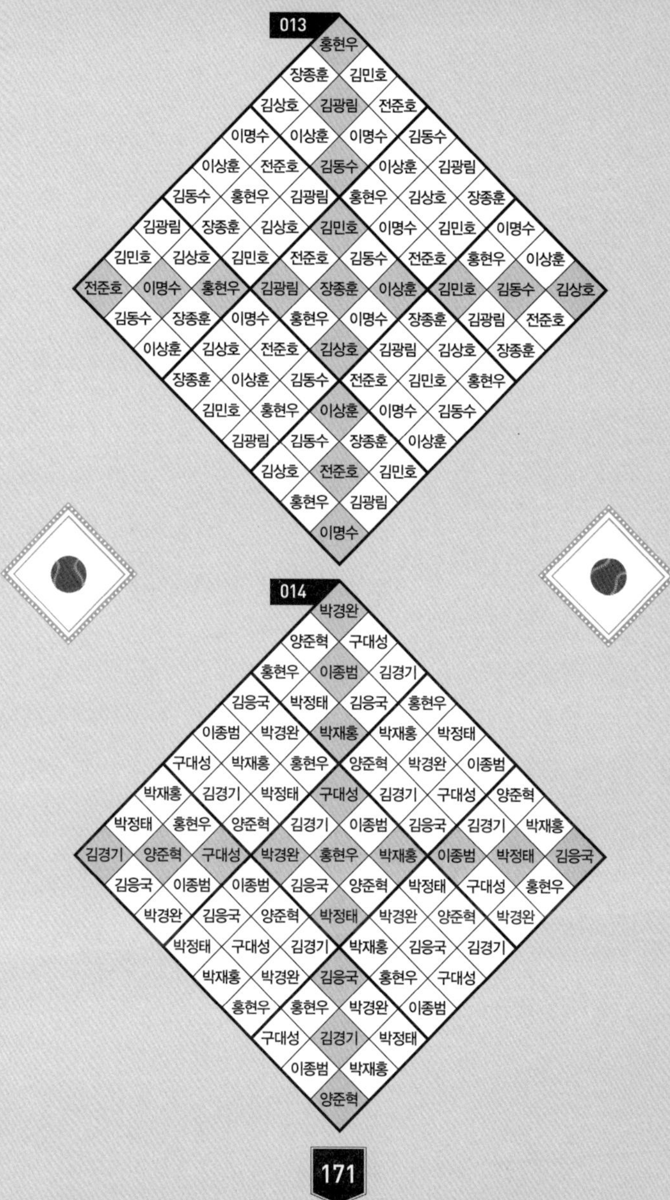

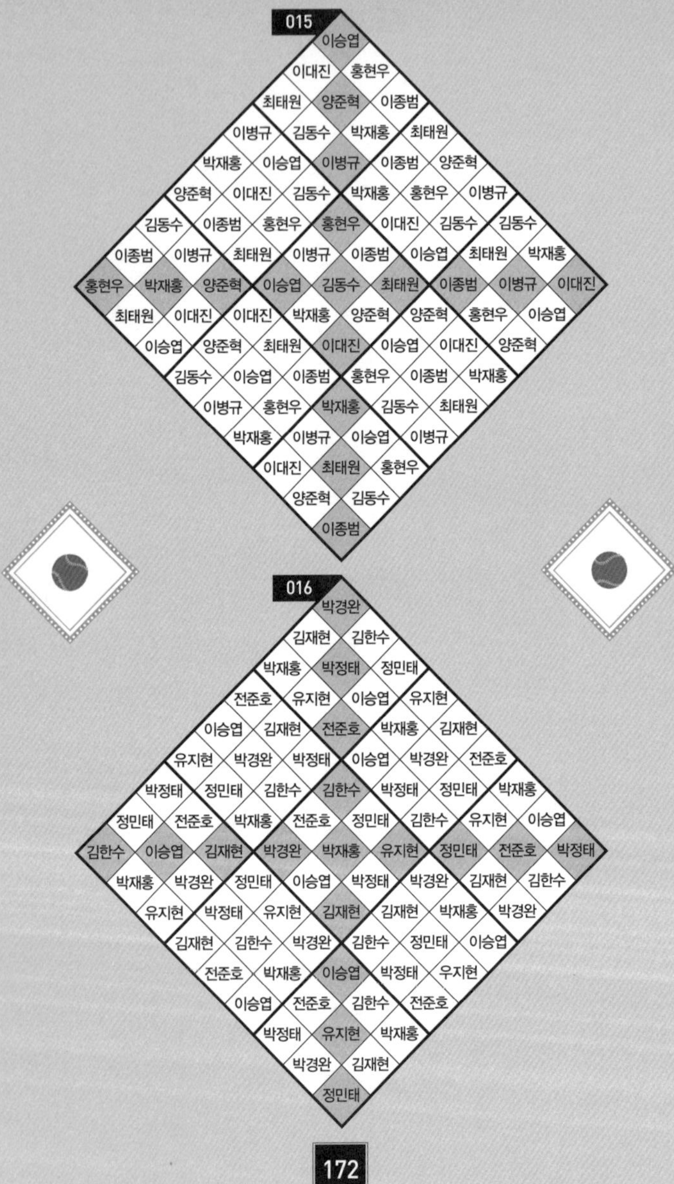
015
이승엽
이대진 홍현우
최태원 양준혁 이종범
이병규 김동수 박재홍 최태원
박재홍 이승엽 이병규 이종범 양준혁
양준혁 이대진 김동수 박재홍 홍현우 이병규
김동수 이종범 홍현우 홍현우 이대진 김동수 김동수
이종범 이병규 최태원 이병규 이종범 이승엽 최태원 박재홍
홍현우 박재홍 양준혁 이승엽 김동수 최태원 이종범 이병규 이대진
최태원 이대진 이대진 박재홍 양준혁 양준혁 홍현우 이승엽
이승엽 양준혁 최태원 이대진 이승엽 이대진 양준혁
김동수 이승엽 이종범 홍현우 이종범 박재홍
이병규 홍현우 박재홍 김동수 최태원
박재홍 이병규 이승엽 이병규
이대진 최태원 홍현우
양준혁 김동수
이종범
016
박경완
김재현 김한수
박재홍 박정태 정민태
전준호 유지현 이승엽 유지현
이승엽 김재현 전준호 박재홍 김재현
유지현 박경완 박정태 이승엽 박경완 전준호
박정태 정민태 김한수 김한수 박정태 정민태 박재홍
정민태 전준호 박재홍 전준호 정민태 김한수 유지현 이승엽
김한수 이승엽 김재현 박경완 박재홍 유지현 정민태 전준호 박정태
박재홍 박경완 정민태 이승엽 박정태 박경완 김재현 김한수
유지현 박정태 유지현 김재현 김재현 박재홍 박경완
김재현 김한수 박경완 김한수 정민태 이승엽
전준호 박재홍 이승엽 박정태 우지현
이승엽 전준호 김한수 전준호
박정태 유지현 박재홍
박경완 김재현
정민태

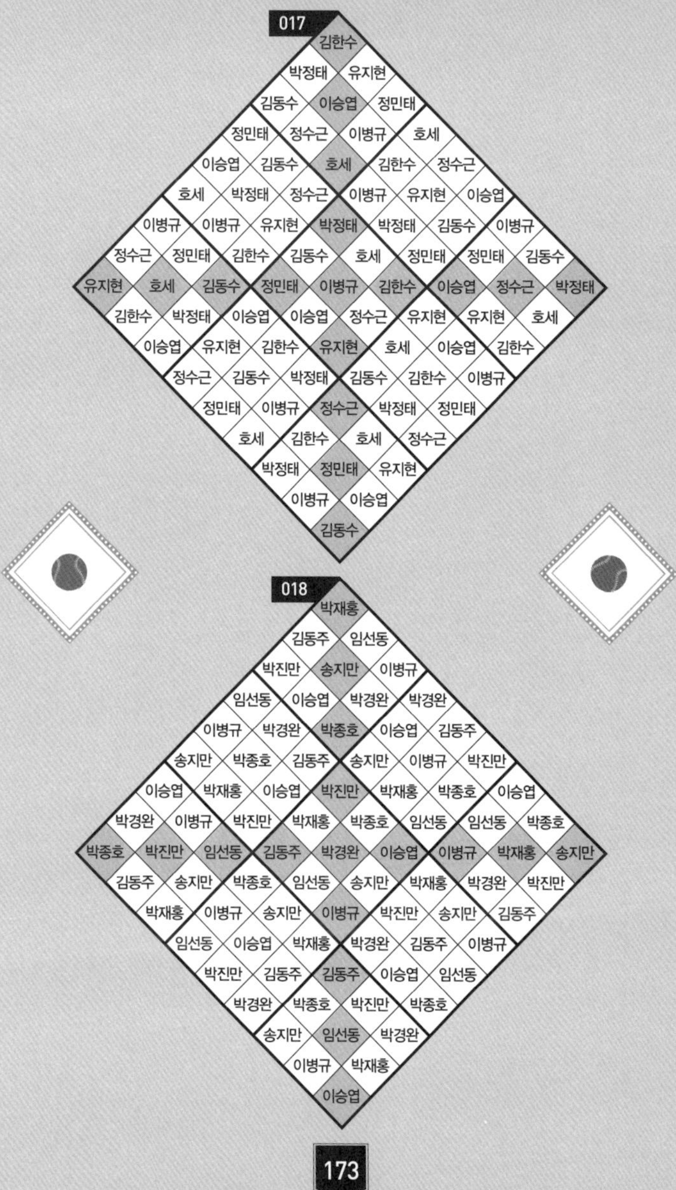

017
김한수
박정태 유지현
김동수 이승엽 정민태
정민태 정수근 이병규 호세
이승엽 김동수 호세 김한수 정수근
호세 박정태 정수근 이병규 유지현 이승엽
이병규 이병규 유지현 박정태 박정태 김동수 이병규
정수근 정민태 김한수 김동수 호세 정민태 정민태 김동수
유지현 호세 김동수 정민태 이병규 김한수 이승엽 정수근 박정태
김한수 박정태 이승엽 이승엽 정수근 유지현 유지현 호세
이승엽 유지현 김한수 유지현 호세 이승엽 김한수
정수근 김동수 박정태 김동수 김한수 이병규
정민태 이병규 정수근 박정태 정민태
호세 김한수 호세 정수근
박정태 정민태 유지현
이병규 이승엽
김동수

018
박재홍
김동주 임선동
박진만 송지만 이병규
임선동 이승엽 박경완 박경완
이병규 박경완 박종호 이승엽 김동주
송지만 박종호 김동주 송지만 이병규 박진만
이승엽 박재홍 이승엽 박진만 박재홍 박종호 이승엽
박경완 이병규 박진만 박재홍 박종호 임선동 임선동 박종호
박종호 박진만 임선동 김동주 박경완 이승엽 이병규 박재홍 송지만
김동주 송지만 박종호 임선동 송지만 박재홍 박경완 박진만
박재홍 이병규 송지만 이병규 박진만 송지만 김동주
임선동 이승엽 박재홍 박경완 김동주 이병규
박진만 김동주 김동주 이승엽 임선동
박경완 박종호 박진만 박종호
송지만 임선동 박경완
이병규 박재홍
이승엽

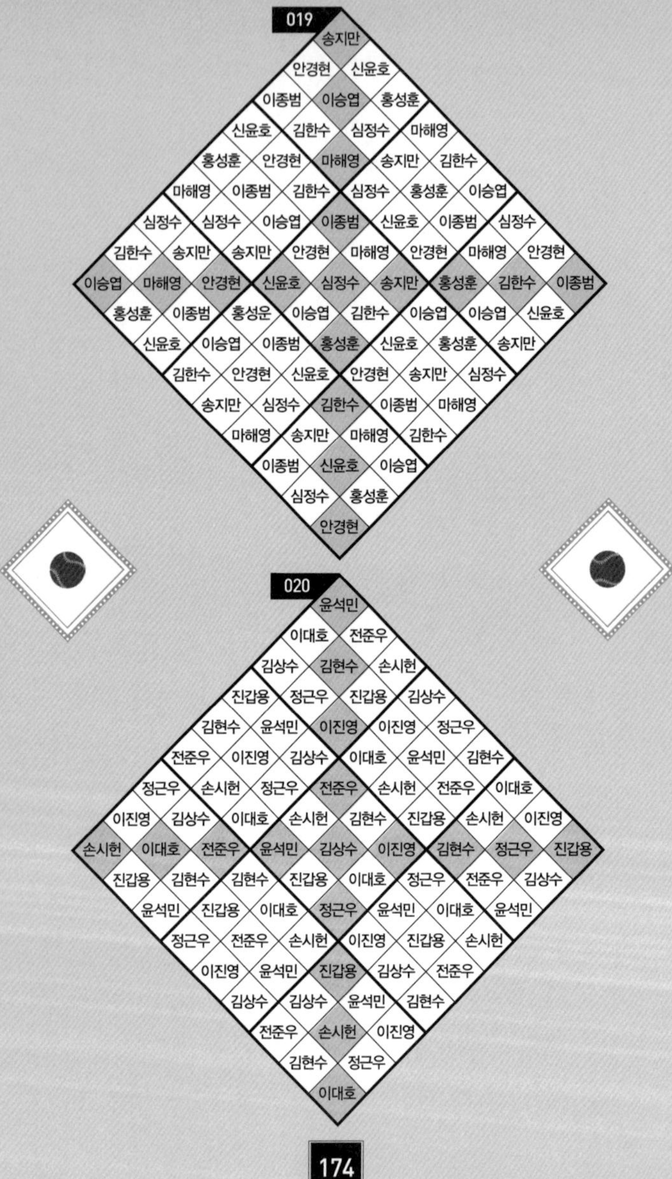

019

송지만
안경현 신윤호
이종범 이승엽 홍성훈
신윤호 김한수 심정수 마해영
홍성훈 안경현 마해영 송지만 김한수
마해영 이종범 김한수 심정수 홍성훈 이승엽
심정수 심정수 이승엽 이종범 신윤호 이종범 심정수
김한수 송지만 송지만 안경현 마해영 안경현 마해영 안경현
이승엽 마해영 안경현 신윤호 심정수 송지만 홍성훈 김한수 이종범
홍성훈 이종범 홍성운 이승엽 김한수 이승엽 이승엽 신윤호
신윤호 이승엽 이종범 홍성훈 신윤호 홍성훈 송지만
김한수 안경현 신윤호 안경현 송지만 심정수
송지만 심정수 김한수 이종범 마해영
마해영 송지만 마해영 김한수
이종범 신윤호 이승엽
심정수 홍성훈
안경현

020

윤석민
이대호 전준우
김상수 김현수 손시헌
진갑용 정근우 진갑용 김상수
김현수 윤석민 이진영 이진영 정근우
전준우 이진영 김상수 이대호 윤석민 김현수
정근우 손시헌 정근우 전준우 손시헌 전준우 이대호
이진영 김상수 이대호 손시헌 김현수 진갑용 손시헌 이진영
손시헌 이대호 전준우 윤석민 김상수 이진영 김현수 정근우 진갑용
진갑용 김현수 김현수 진갑용 이대호 정근우 전준우 김상수
윤석민 진갑용 이대호 정근우 윤석민 이대호 윤석민
정근우 전준우 손시헌 이진영 진갑용 손시헌
이진영 윤석민 진갑용 김상수 전준우
김상수 김상수 윤석민 김현수
전준우 손시헌 이진영
김현수 정근우
이대호

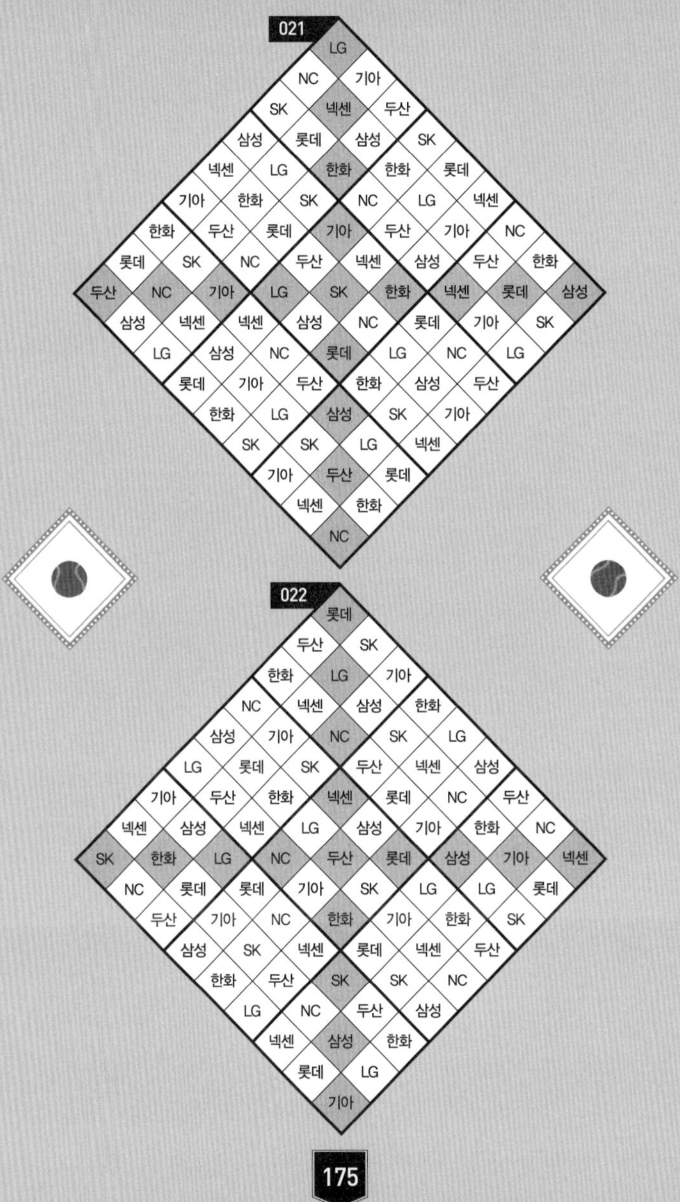
022

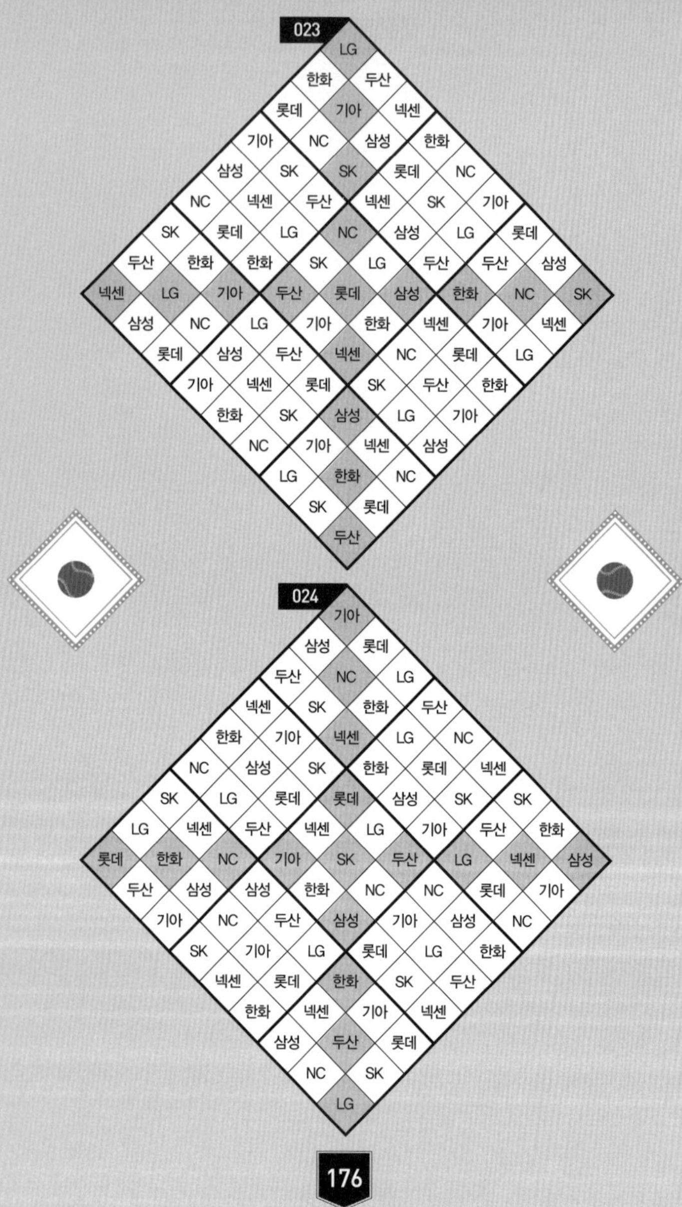

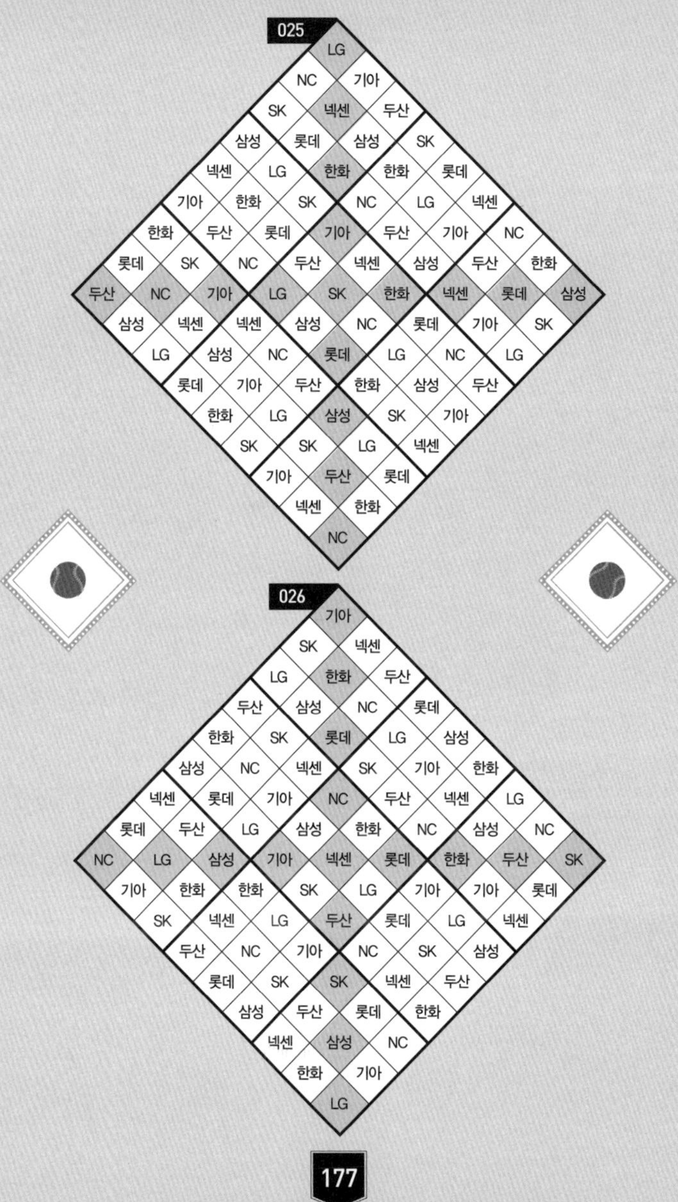

025
026

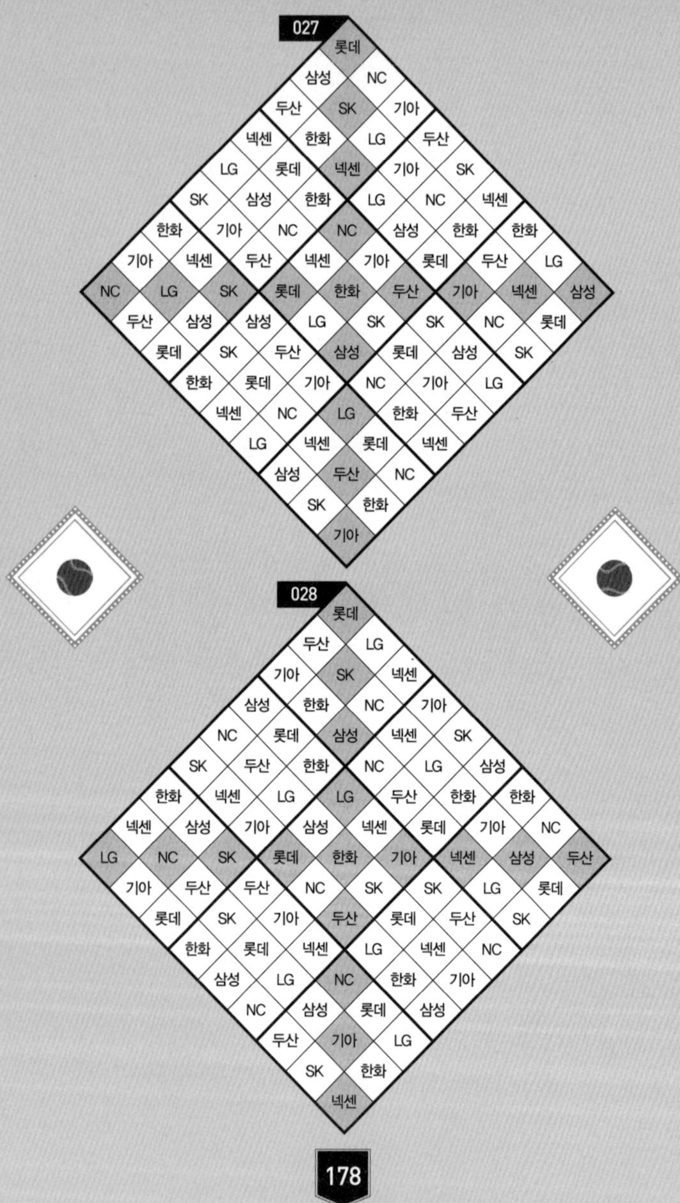

028

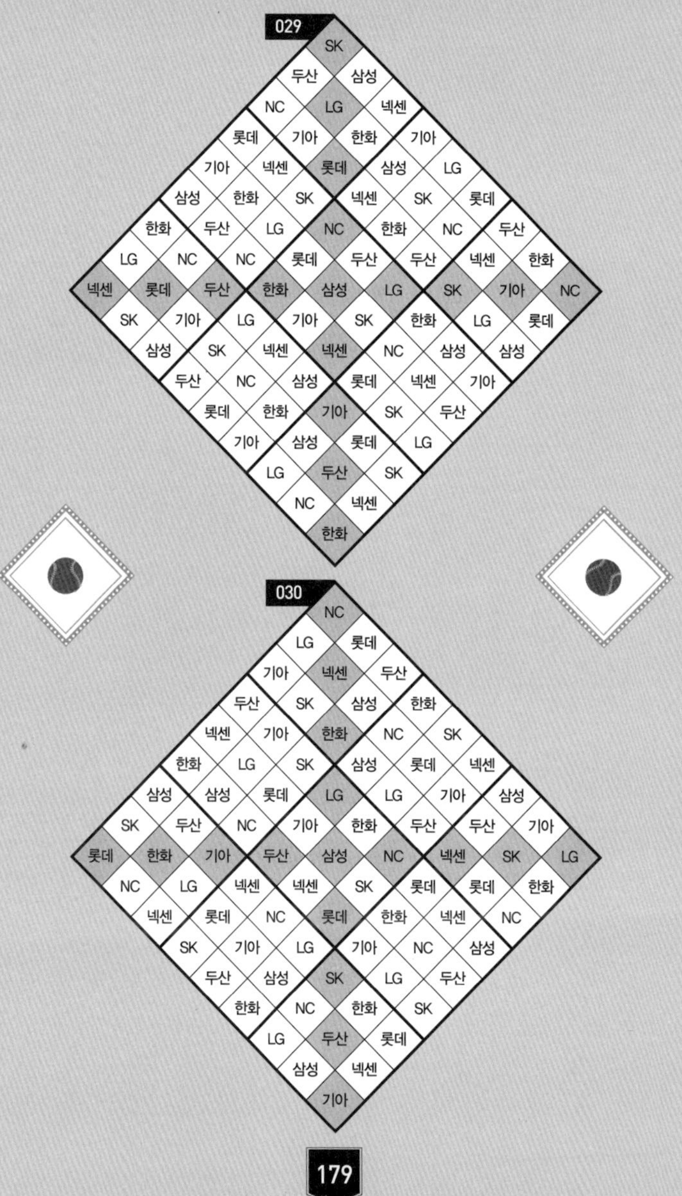

029
030

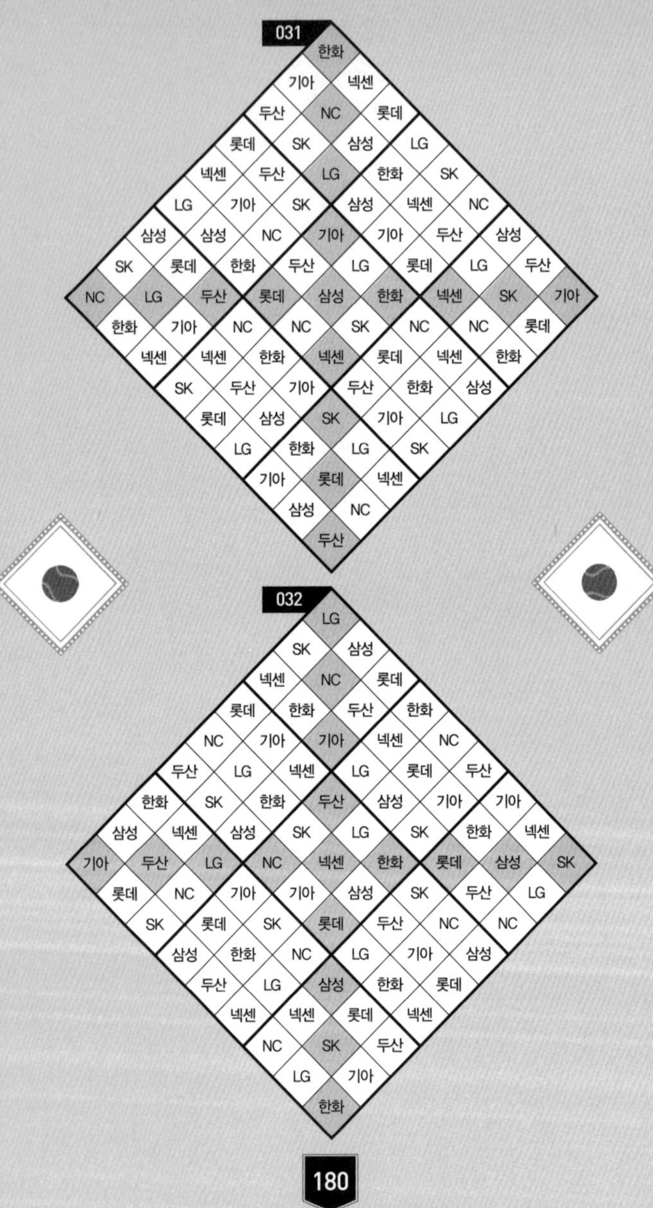
031
한화
기아 넥센
두산 NC 롯데
롯데 SK 삼성 LG
넥센 두산 LG 한화 SK
LG 기아 SK 삼성 넥센 NC
삼성 삼성 NC 기아 기아 두산 삼성
SK 롯데 한화 두산 LG 롯데 LG 두산
NC LG 두산 롯데 삼성 한화 넥센 SK 기아
한화 기아 NC NC SK NC NC 롯데
넥센 넥센 한화 넥센 롯데 넥센 한화
SK 두산 기아 두산 한화 삼성
롯데 삼성 SK 기아 LG
LG 한화 LG SK
기아 롯데 넥센
삼성 NC
두산
032
LG
SK 삼성
넥센 NC 롯데
롯데 한화 두산 한화
NC 기아 기아 넥센 NC
두산 LG 넥센 LG 롯데 두산
한화 SK 한화 두산 삼성 기아 기아
삼성 넥센 삼성 SK LG SK 한화 넥센
기아 두산 LG NC 넥센 한화 롯데 삼성 SK
롯데 NC 기아 기아 삼성 SK 두산 LG
SK 롯데 SK 롯데 두산 NC NC
삼성 한화 NC LG 기아 삼성
두산 LG 삼성 한화 롯데
넥센 넥센 롯데 넥센
NC SK 두산
LG 기아
한화

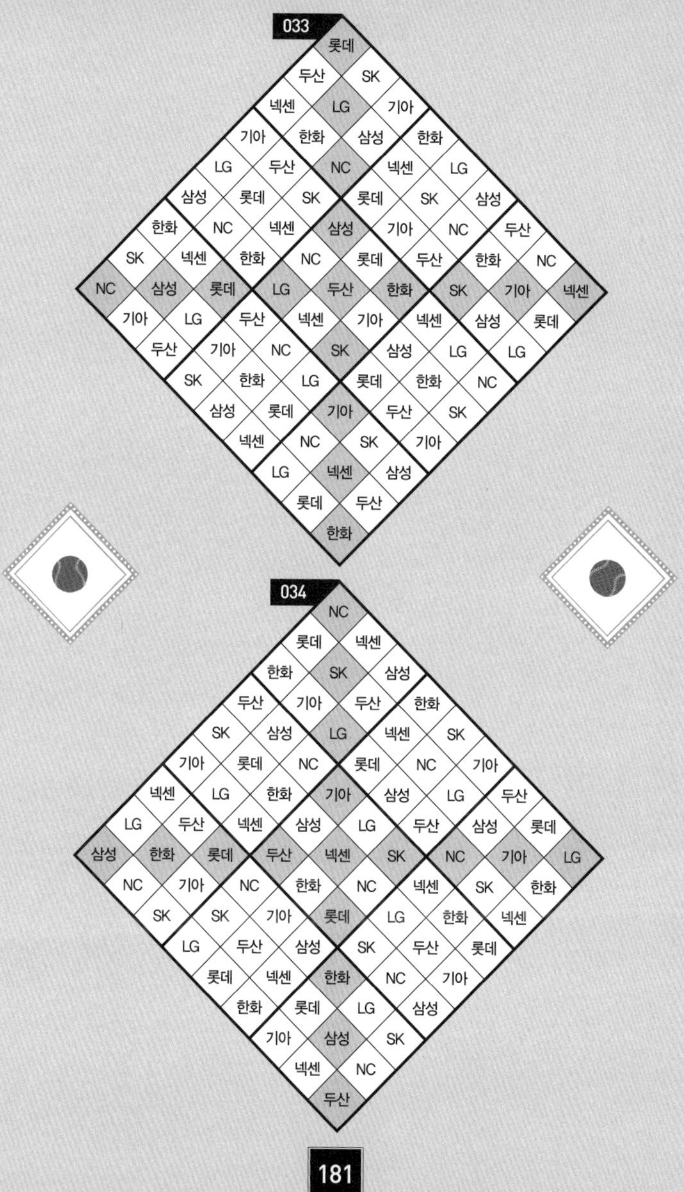
033
롯데
두산 SK
넥센 LG 기아
기아 한화 삼성 한화
LG 두산 NC 넥센 LG
삼성 롯데 SK 롯데 SK 삼성
한화 NC 넥센 삼성 기아 NC 두산
SK 넥센 한화 NC 롯데 두산 한화 NC
NC 삼성 롯데 LG 두산 한화 SK 기아 넥센
기아 LG 두산 넥센 기아 넥센 삼성 롯데
두산 기아 NC SK 삼성 LG LG
SK 한화 LG 롯데 한화 NC
삼성 롯데 기아 두산 SK
넥센 NC SK 기아
LG 넥센 삼성
롯데 두산
한화

034
NC
롯데 넥센
한화 SK 삼성
두산 기아 두산 한화
SK 삼성 LG 넥센 SK
기아 롯데 NC 롯데 NC 기아
넥센 LG 한화 기아 삼성 LG 두산
LG 두산 넥센 삼성 LG 두산 삼성 롯데
삼성 한화 롯데 두산 넥센 SK NC 기아 LG
NC 기아 NC 한화 NC 넥센 SK 한화
SK SK 기아 롯데 LG 한화 넥센
LG 두산 삼성 SK 두산 롯데
롯데 넥센 한화 NC 기아
한화 롯데 LG 삼성
기아 삼성 SK
넥센 NC
두산

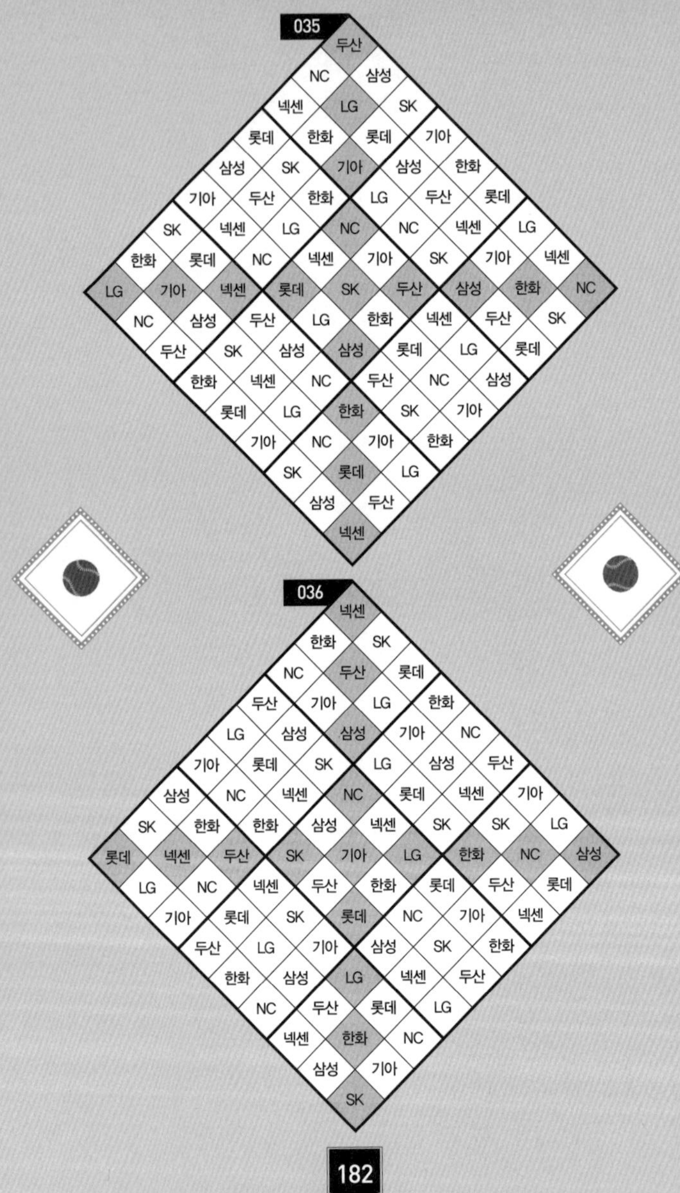

035
036

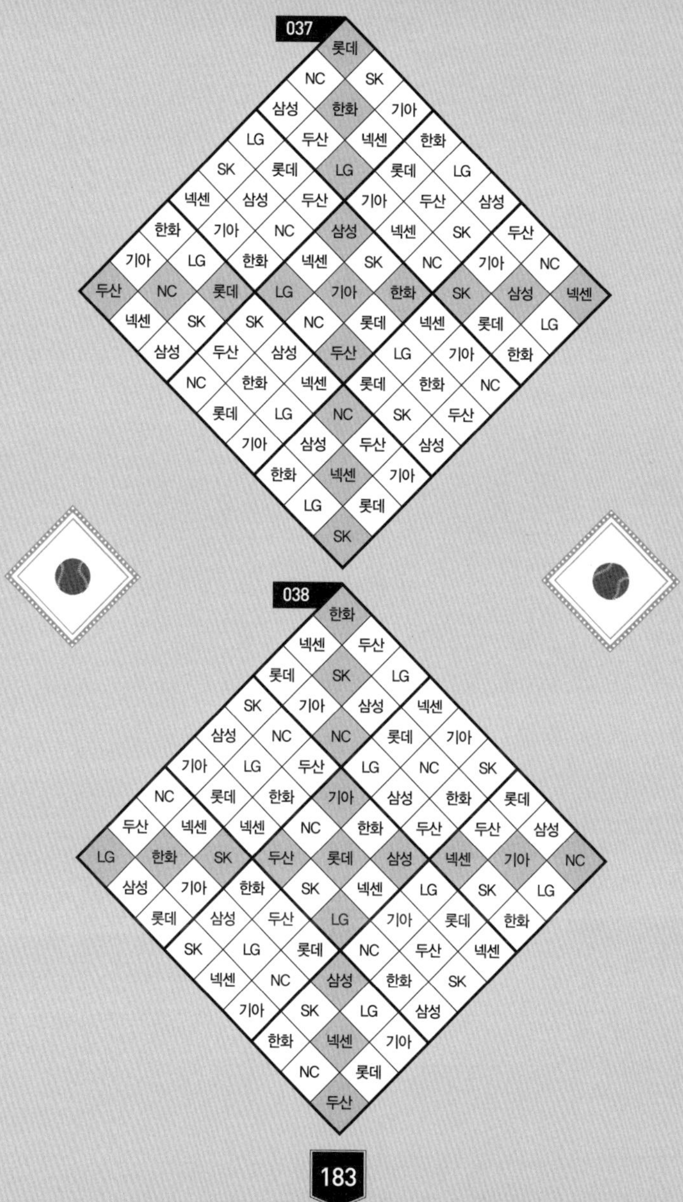

037
038
183

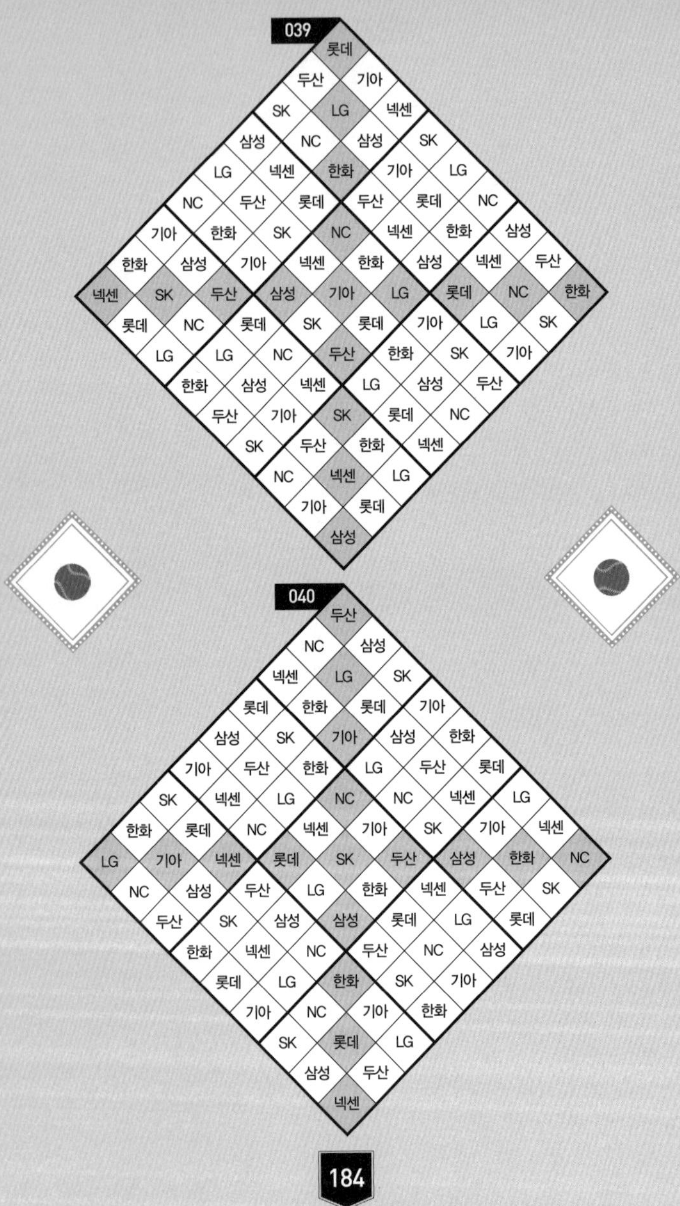

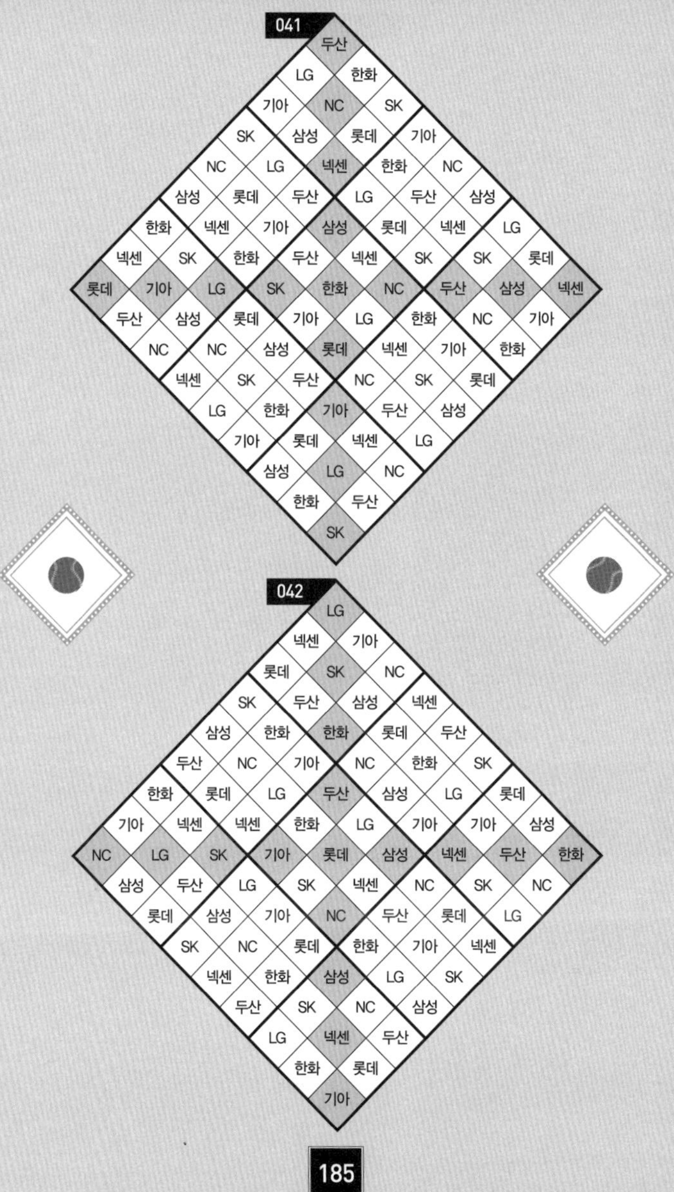

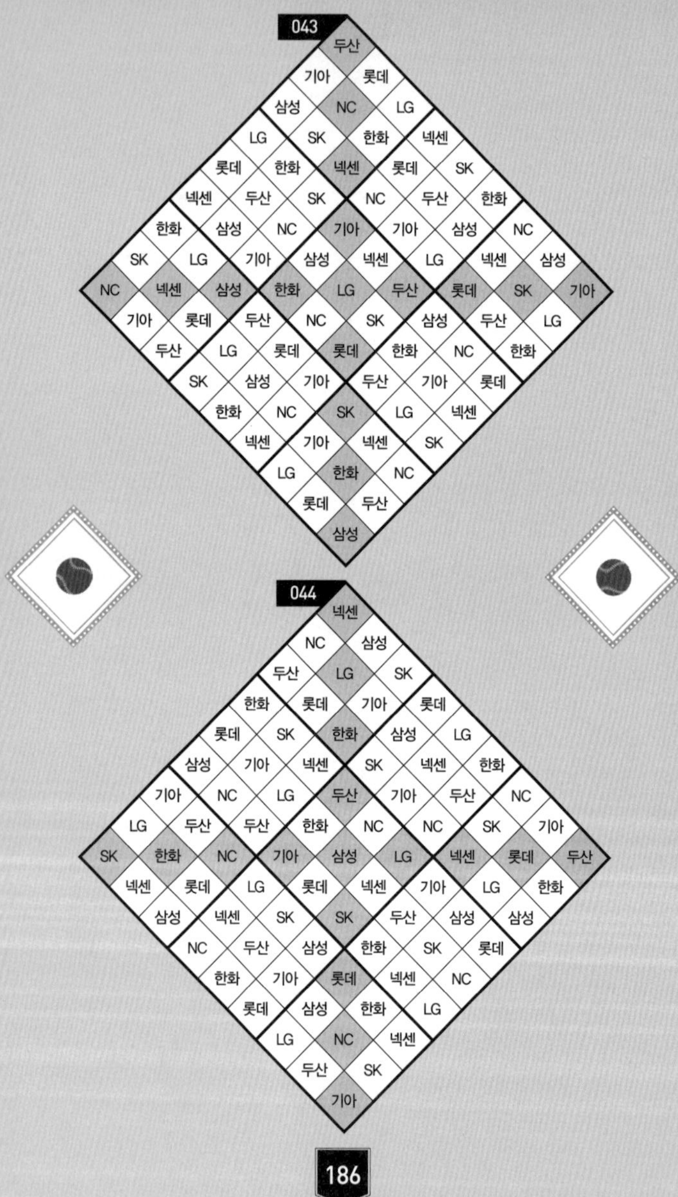

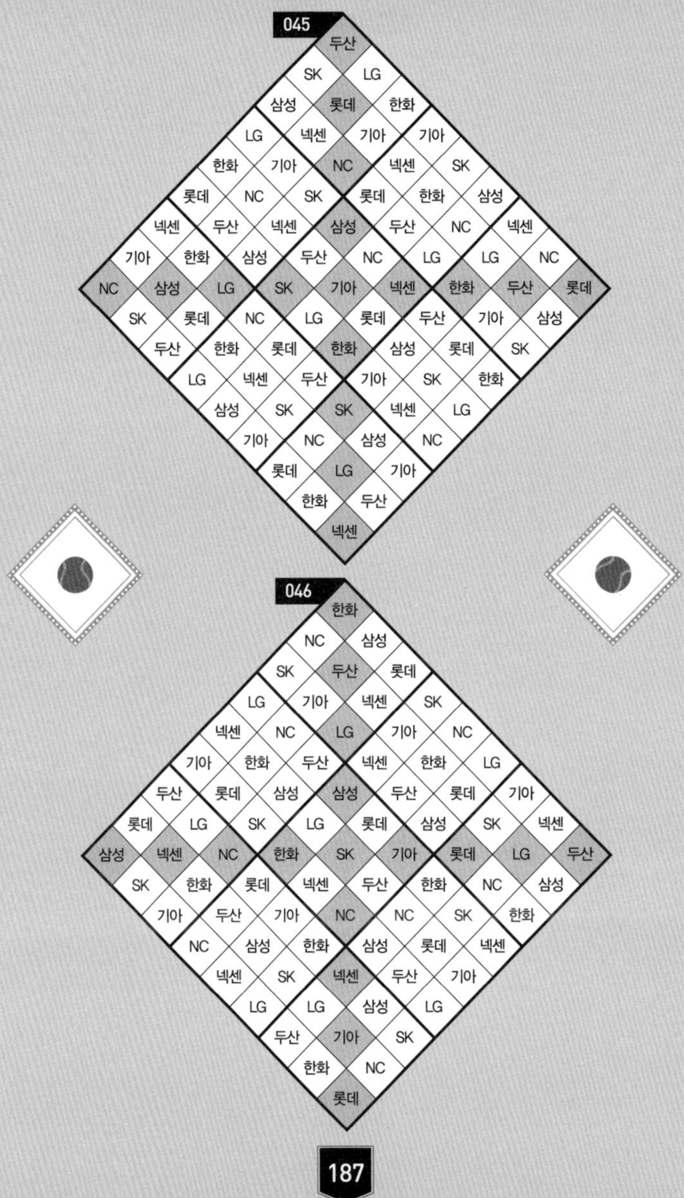

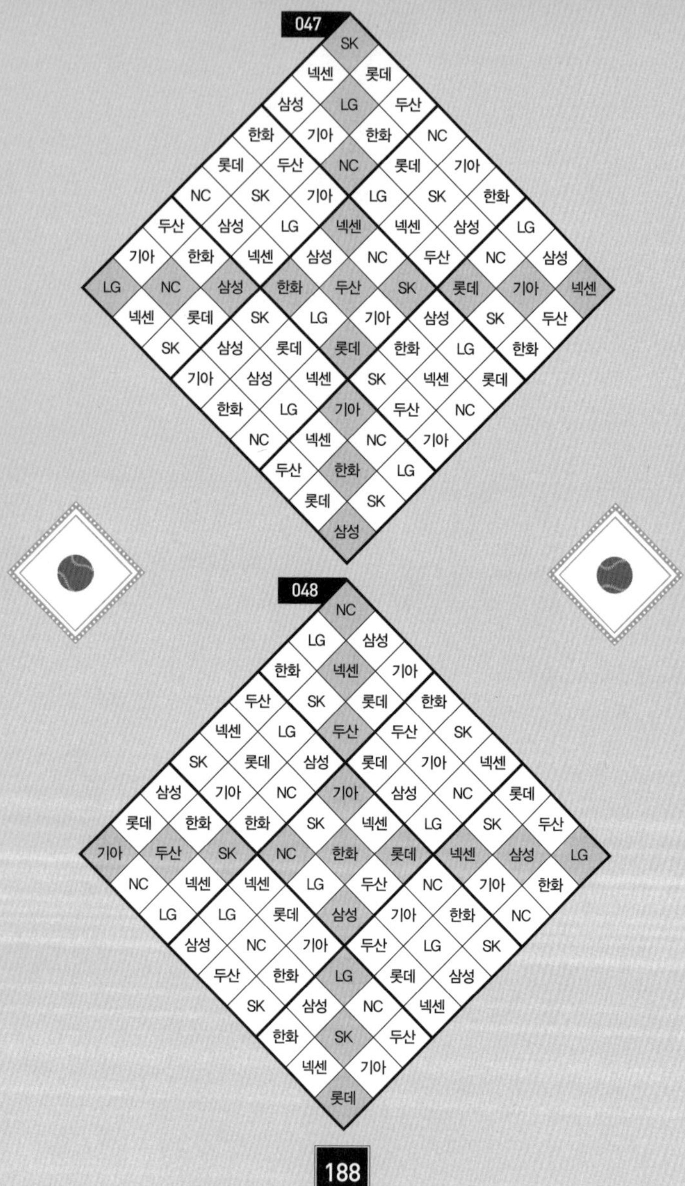

047
048

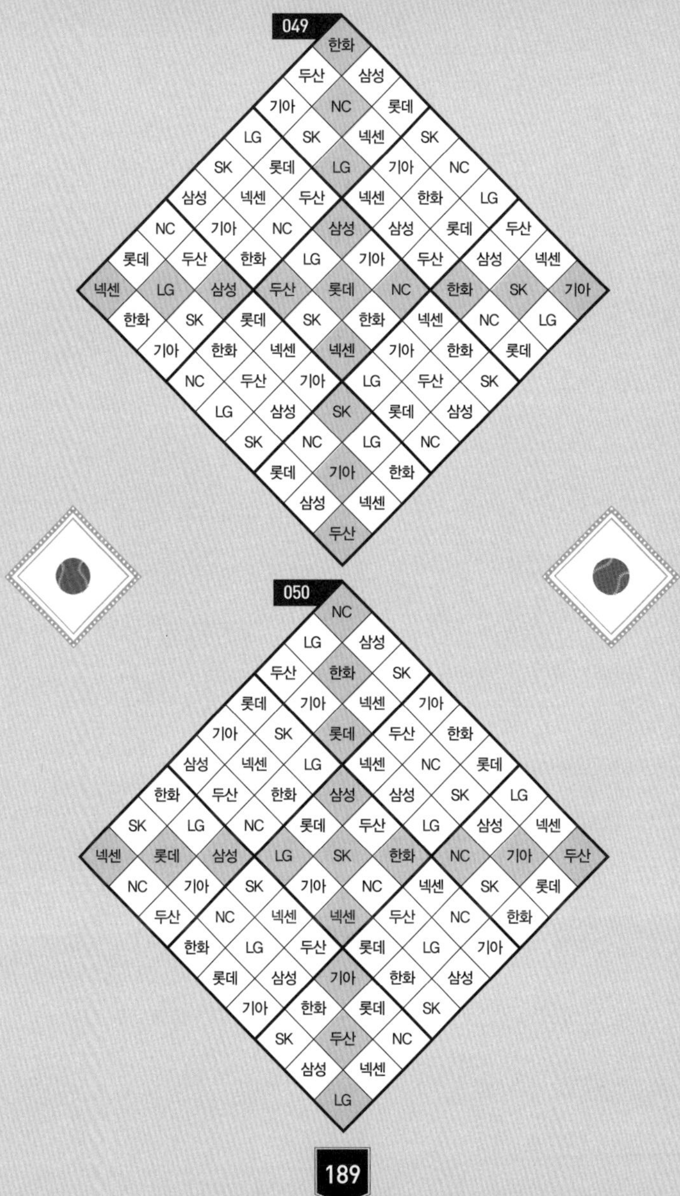

049
050

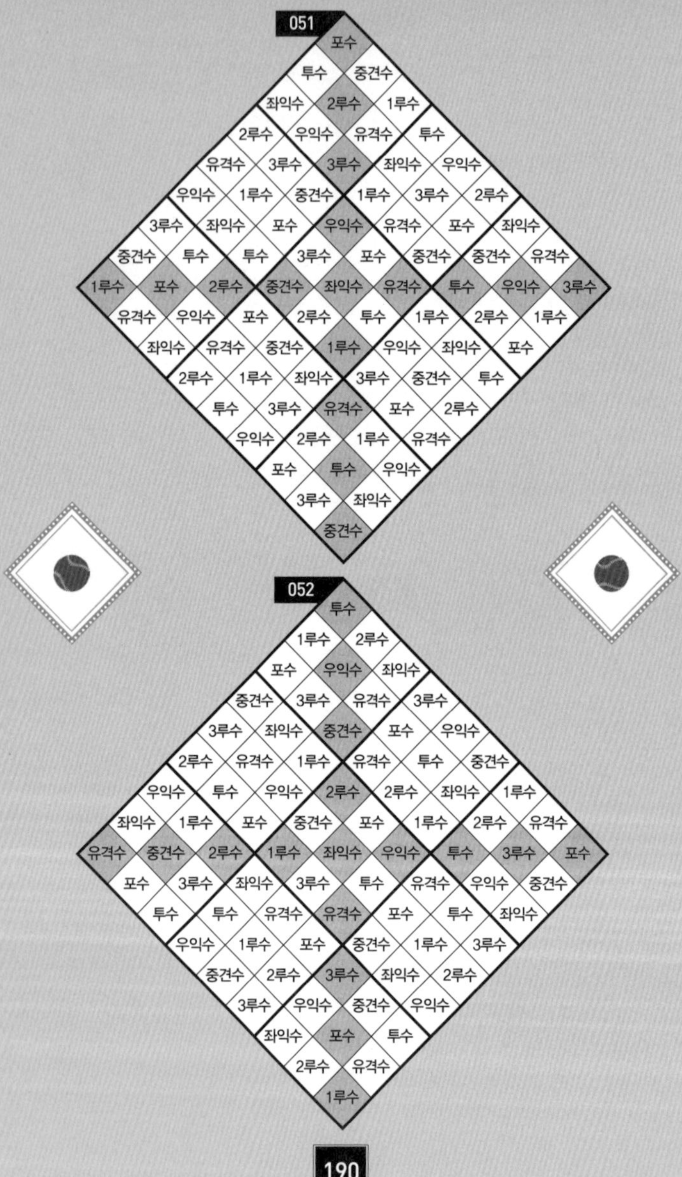
포수
투수 중견수
좌익수 2루수 1루수
2루수 우익수 유격수 투수
유격수 3루수 3루수 좌익수 우익수
우익수 1루수 중견수 1루수 3루수 2루수
3루수 좌익수 포수 우익수 유격수 포수 좌익수
중견수 투수 투수 3루수 포수 중견수 중견수 유격수
1루수 포수 2루수 중견수 좌익수 유격수 투수 우익수 3루수
유격수 우익수 포수 2루수 투수 1루수 2루수 1루수
좌익수 유격수 중견수 1루수 우익수 좌익수 포수
2루수 1루수 좌익수 3루수 중견수 투수
투수 3루수 유격수 포수 2루수
우익수 2루수 1루수 유격수
포수 투수 우익수
3루수 좌익수
중견수

052
투수
1루수 2루수
포수 우익수 좌익수
중견수 3루수 유격수 3루수
3루수 좌익수 중견수 포수 우익수
2루수 유격수 1루수 유격수 투수 중견수
우익수 투수 우익수 2루수 2루수 좌익수 1루수
좌익수 1루수 포수 중견수 포수 1루수 2루수 유격수
유격수 중견수 2루수 1루수 좌익수 우익수 투수 3루수 포수
포수 3루수 좌익수 3루수 투수 유격수 우익수 중견수
투수 투수 유격수 유격수 포수 투수 좌익수
우익수 1루수 포수 중견수 1루수 3루수
중견수 2루수 3루수 좌익수 2루수
3루수 우익수 중견수 우익수
좌익수 포수 투수
2루수 유격수
1루수

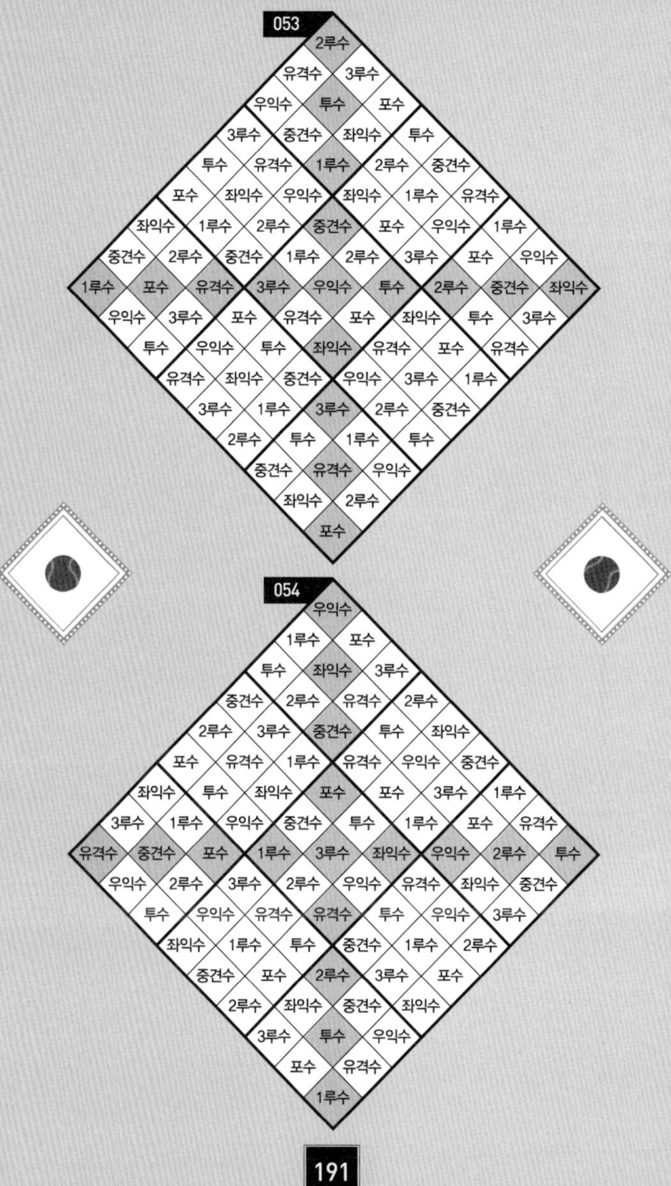

053
054

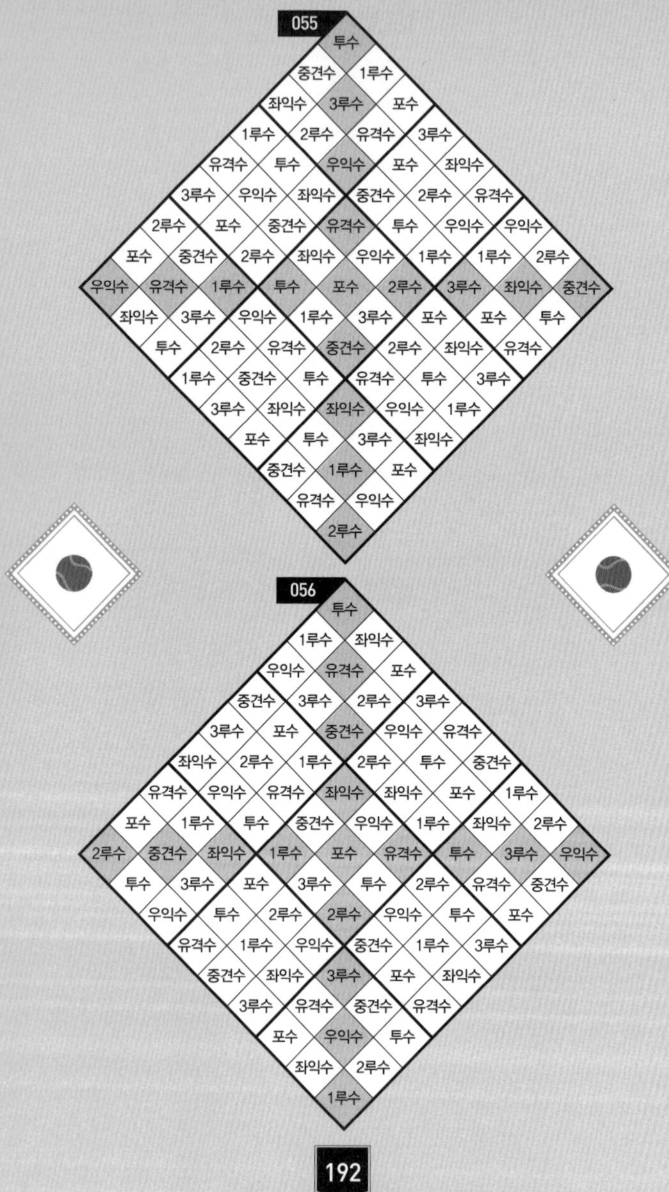
055
투수
중견수 1루수
좌익수 3루수 포수
1루수 2루수 유격수 3루수
유격수 투수 우익수 포수 좌익수
3루수 우익수 좌익수 중견수 2루수 유격수
2루수 포수 중견수 유격수 투수 우익수 우익수
포수 중견수 2루수 좌익수 우익수 1루수 1루수 2루수
우익수 유격수 1루수 투수 포수 2루수 3루수 좌익수 중견수
좌익수 3루수 우익수 1루수 3루수 포수 포수 투수
투수 2루수 유격수 중견수 2루수 좌익수 유격수
1루수 중견수 투수 유격수 투수 3루수
3루수 좌익수 좌익수 우익수 1루수
포수 투수 3루수 좌익수
중견수 1루수 포수
유격수 우익수
2루수
056
투수
1루수 좌익수
우익수 유격수 포수
중견수 3루수 2루수 3루수
3루수 포수 중견수 우익수 유격수
좌익수 2루수 1루수 2루수 투수 중견수
유격수 우익수 유격수 좌익수 좌익수 포수 1루수
포수 1루수 투수 중견수 우익수 1루수 좌익수 2루수
2루수 중견수 좌익수 1루수 포수 유격수 투수 3루수 우익수
투수 3루수 포수 3루수 투수 2루수 유격수 중견수
우익수 투수 2루수 2루수 우익수 투수 포수
유격수 1루수 우익수 중견수 1루수 3루수
중견수 좌익수 3루수 포수 좌익수
3루수 유격수 중견수 유격수
포수 우익수 투수
좌익수 2루수
1루수

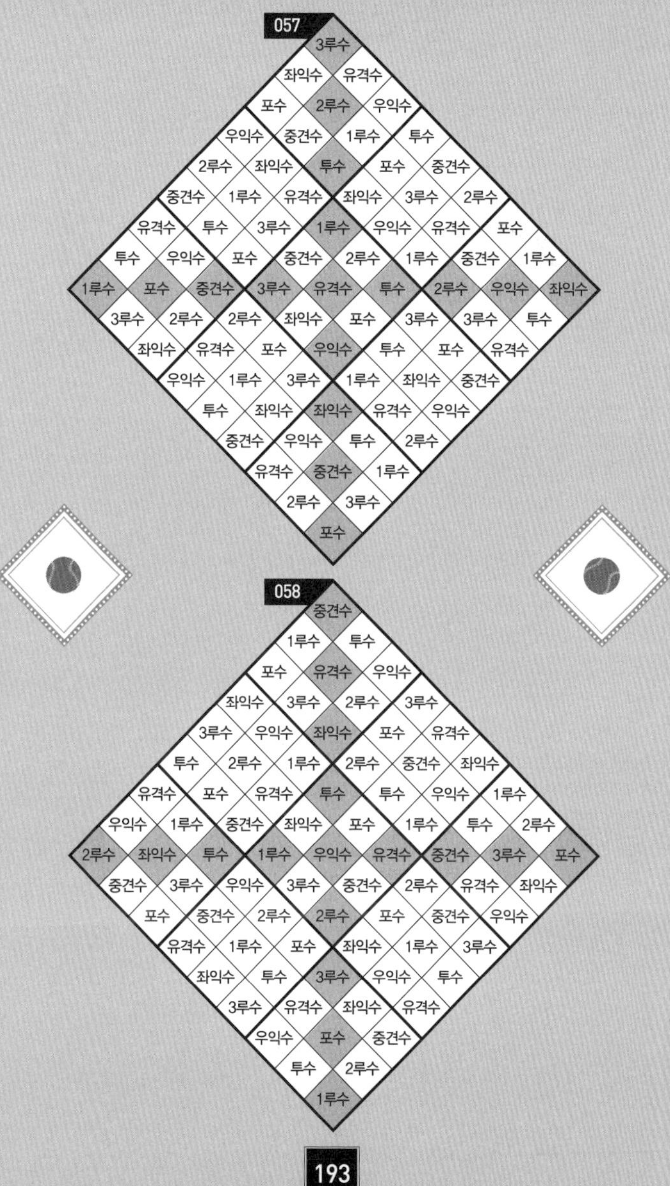

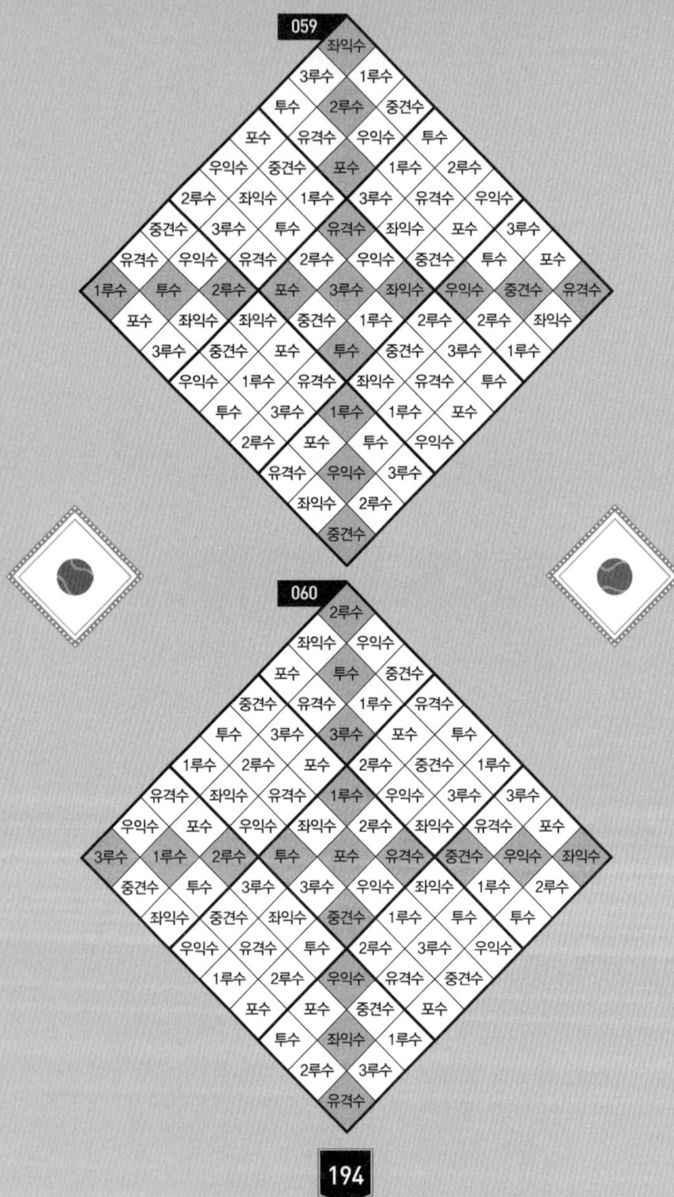

059
060

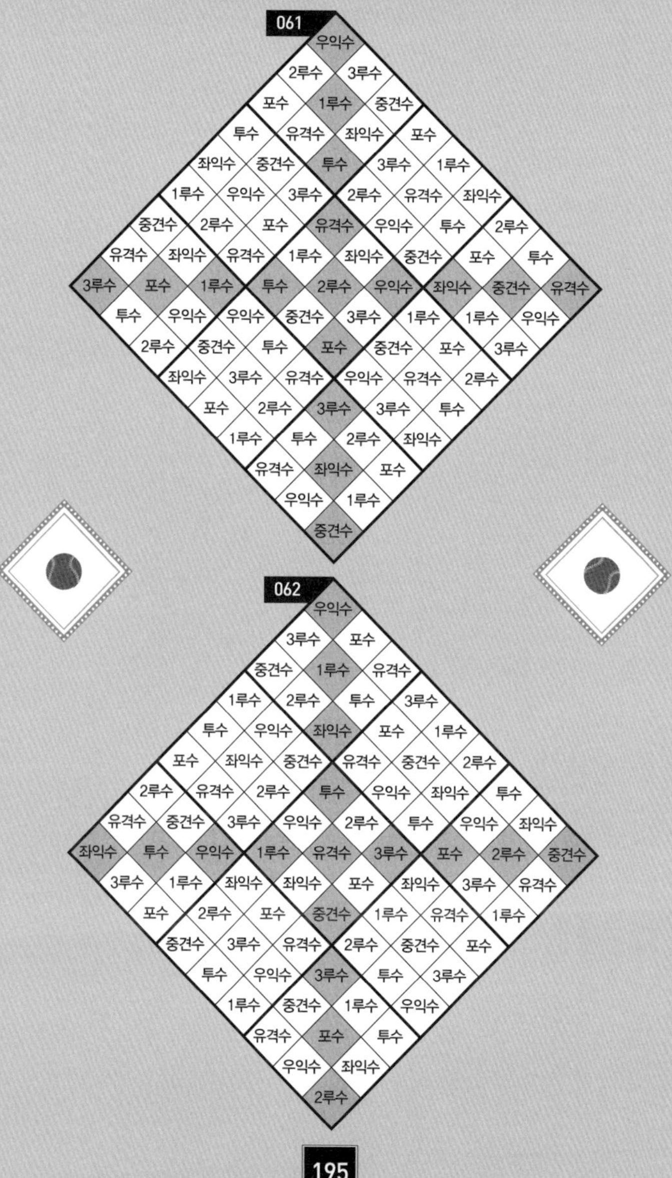

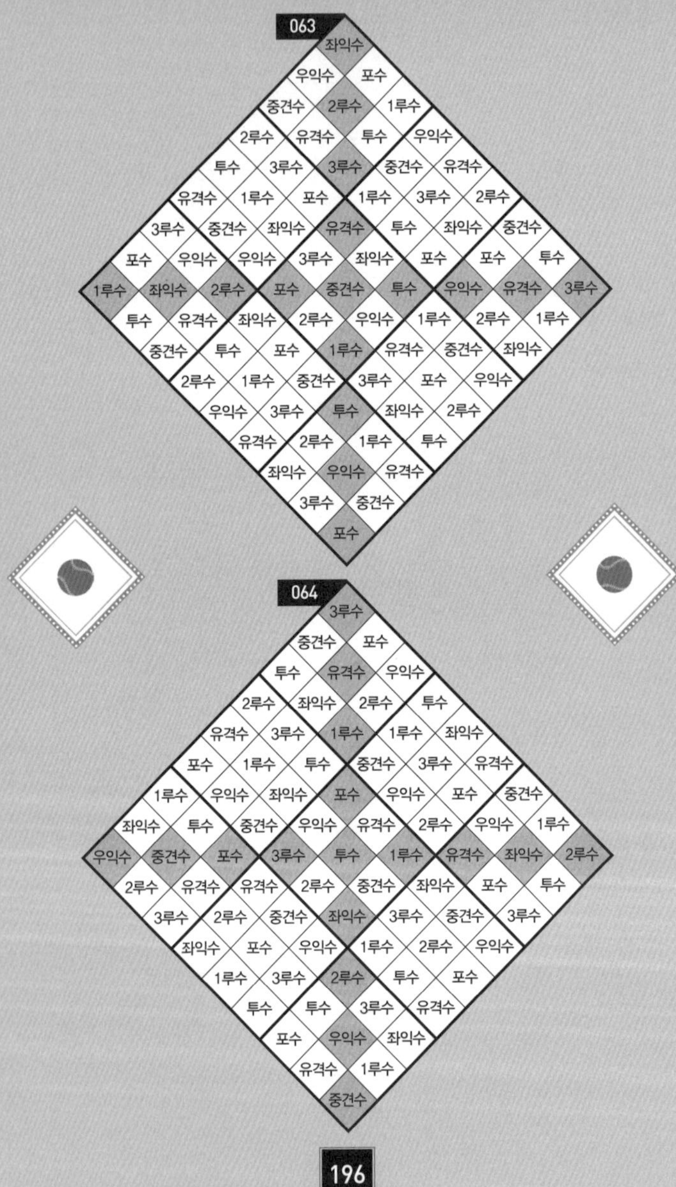
063
좌익수
우익수 포수
중견수 2루수 1루수
2루수 유격수 투수 우익수
투수 3루수 3루수 중견수 유격수
유격수 1루수 포수 1루수 3루수 2루수
3루수 중견수 좌익수 유격수 투수 좌익수 중견수
포수 우익수 우익수 3루수 좌익수 포수 포수 투수
1루수 좌익수 2루수 포수 중견수 투수 우익수 유격수 3루수
투수 유격수 좌익수 2루수 우익수 1루수 2루수 1루수
중견수 투수 포수 1루수 유격수 중견수 좌익수
2루수 1루수 중견수 3루수 포수 우익수
우익수 3루수 투수 좌익수 2루수
유격수 2루수 1루수 투수
좌익수 우익수 유격수
3루수 중견수
포수
064
3루수
중견수 포수
투수 유격수 우익수
2루수 좌익수 2루수 투수
유격수 3루수 1루수 1루수 좌익수
포수 1루수 투수 중견수 3루수 유격수
1루수 우익수 좌익수 포수 우익수 포수 중견수
좌익수 투수 중견수 우익수 유격수 2루수 우익수 1루수
우익수 중견수 포수 3루수 투수 1루수 유격수 좌익수 2루수
2루수 유격수 유격수 2루수 중견수 좌익수 포수 투수
3루수 2루수 중견수 좌익수 3루수 중견수 3루수
좌익수 포수 우익수 1루수 2루수 우익수
1루수 3루수 2루수 투수 포수
투수 투수 3루수 유격수
포수 우익수 좌익수
유격수 1루수
중견수

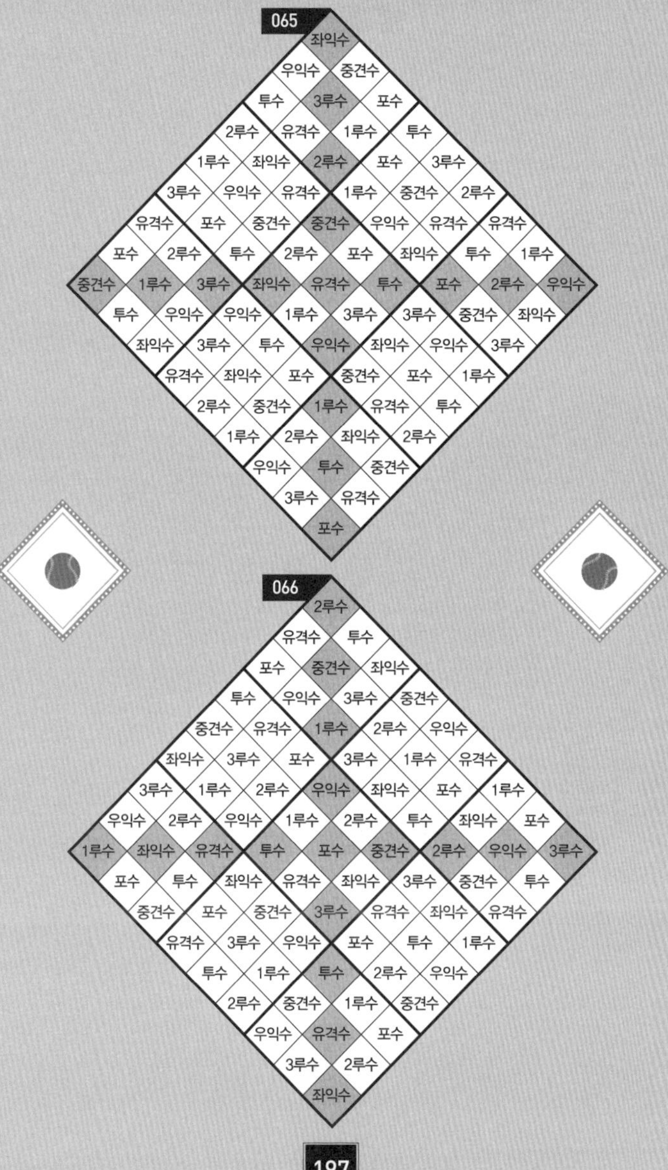
065
066

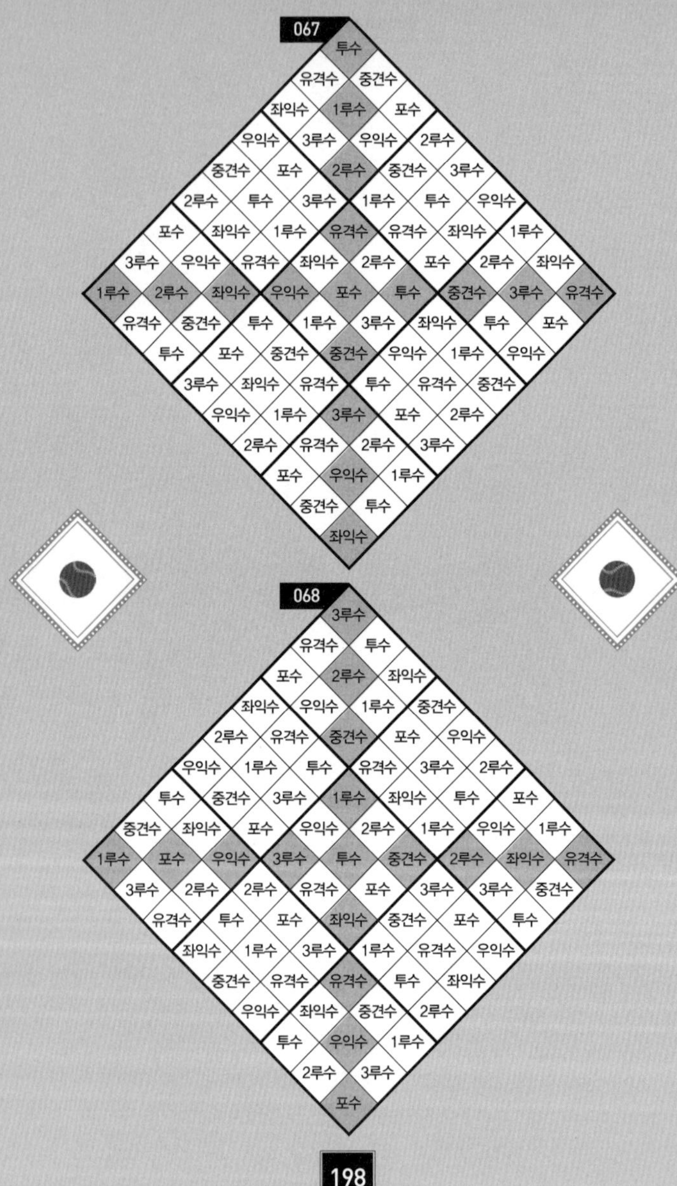

067
투수
유격수 중견수
좌익수 1루수 포수
우익수 3루수 우익수 2루수
중견수 포수 2루수 중견수 3루수
2루수 투수 3루수 1루수 투수 우익수
포수 좌익수 1루수 유격수 유격수 좌익수 1루수
3루수 우익수 유격수 좌익수 2루수 포수 2루수 좌익수
1루수 2루수 좌익수 우익수 포수 투수 중견수 3루수 유격수
유격수 중견수 투수 1루수 3루수 좌익수 투수 포수
투수 포수 중견수 중견수 우익수 1루수 우익수
3루수 좌익수 유격수 투수 유격수 중견수
우익수 1루수 3루수 포수 2루수
2루수 유격수 2루수 3루수
포수 우익수 1루수
중견수 투수
좌익수

068
3루수
유격수 투수
포수 2루수 좌익수
좌익수 우익수 1루수 중견수
2루수 유격수 중견수 포수 우익수
우익수 1루수 투수 유격수 3루수 2루수
투수 중견수 3루수 1루수 좌익수 투수 포수
중견수 좌익수 포수 우익수 2루수 1루수 우익수 1루수
1루수 포수 우익수 3루수 투수 중견수 2루수 좌익수 유격수
3루수 2루수 2루수 유격수 포수 3루수 3루수 중견수
유격수 투수 포수 좌익수 중견수 포수 투수
좌익수 1루수 3루수 1루수 유격수 우익수
중견수 유격수 유격수 투수 좌익수
우익수 좌익수 중견수 2루수
투수 우익수 1루수
2루수 3루수
포수

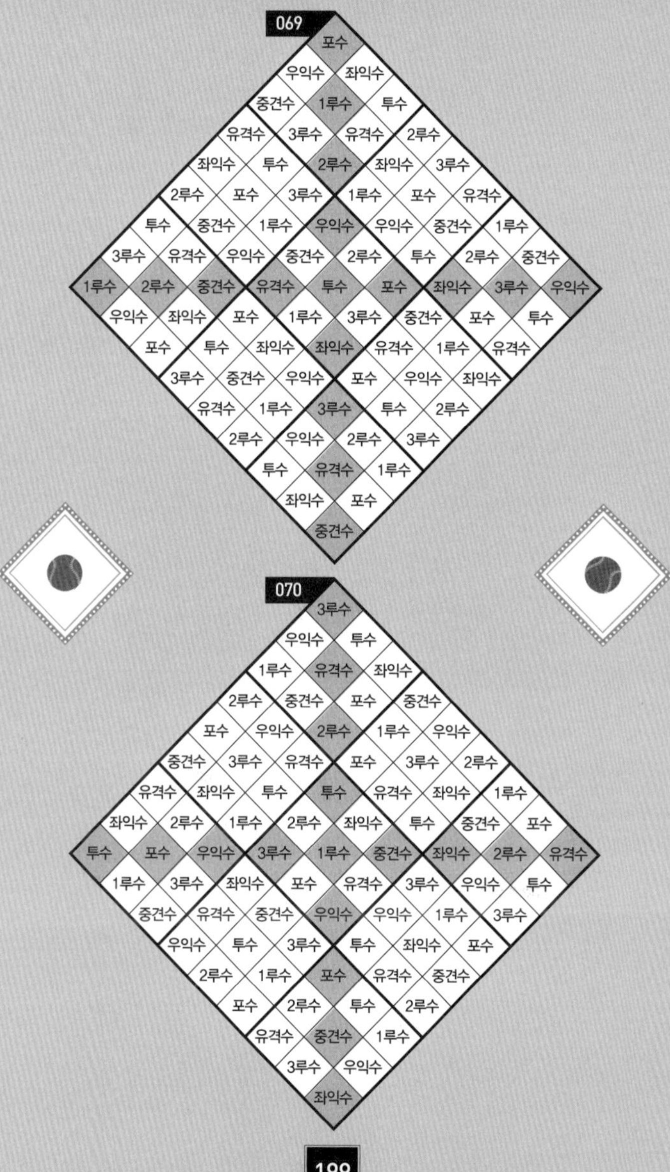

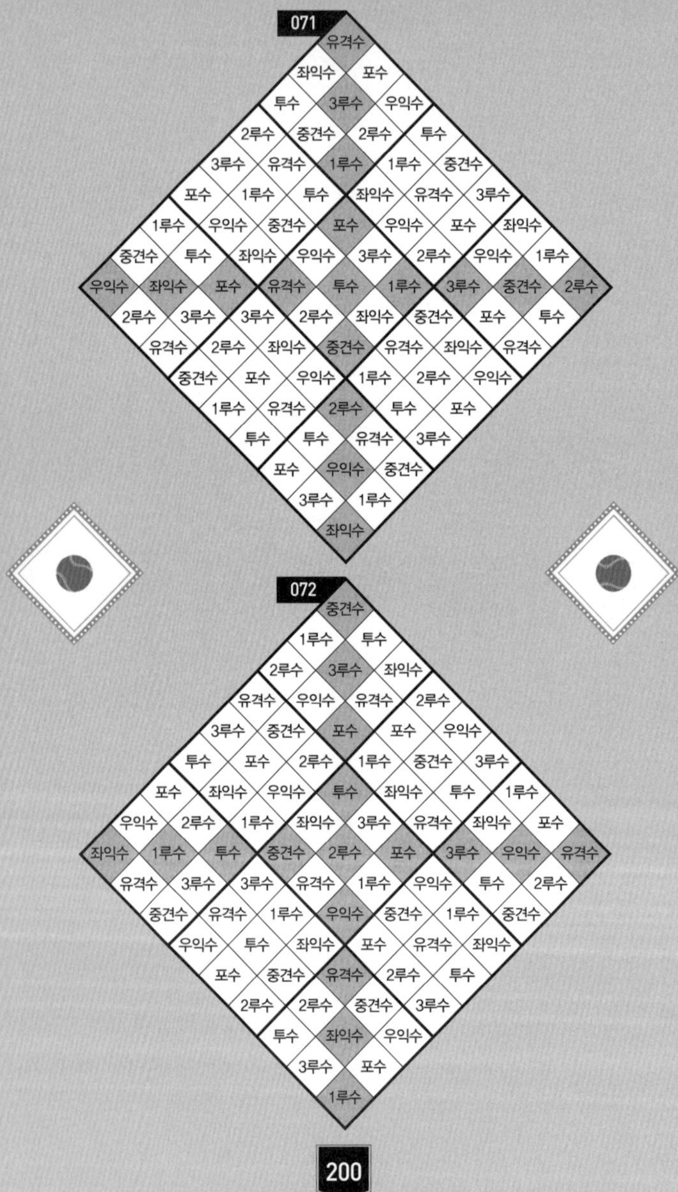
071
072
200

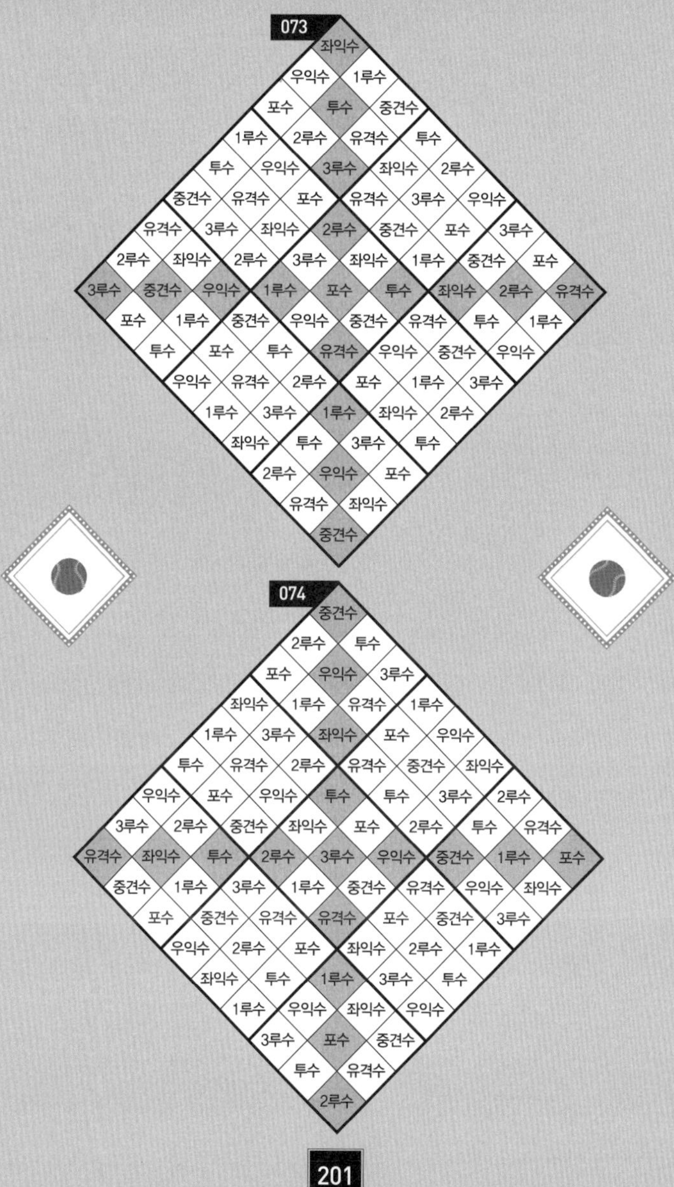

073
074
201

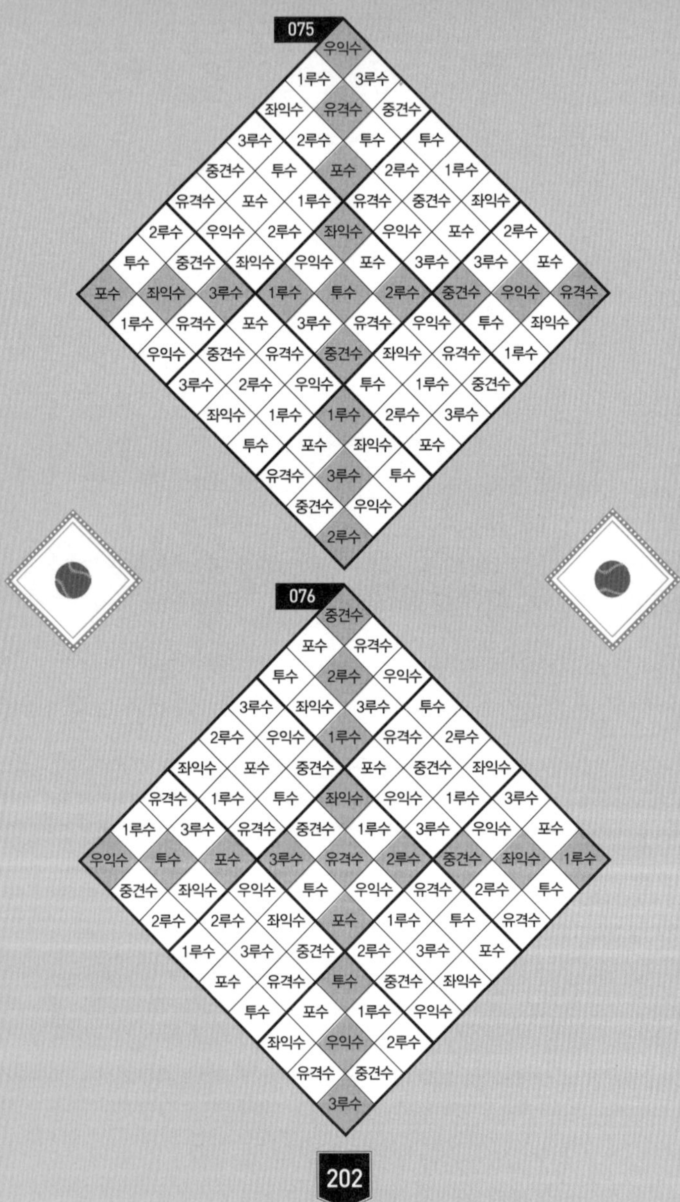

075
076

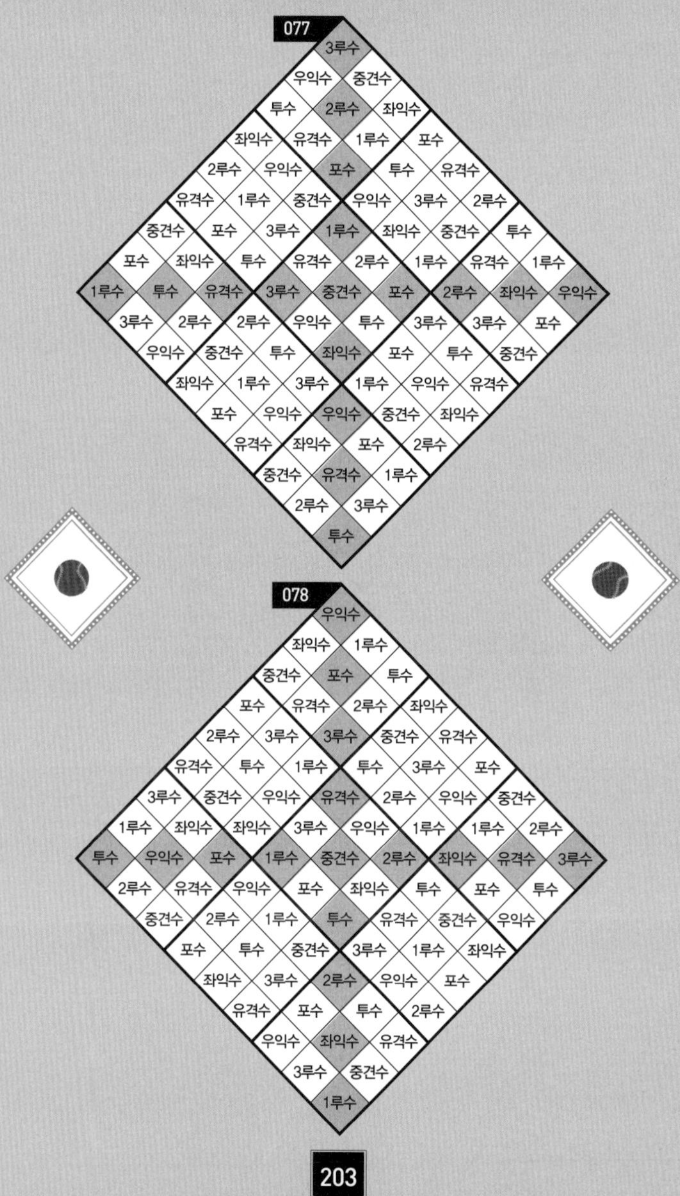

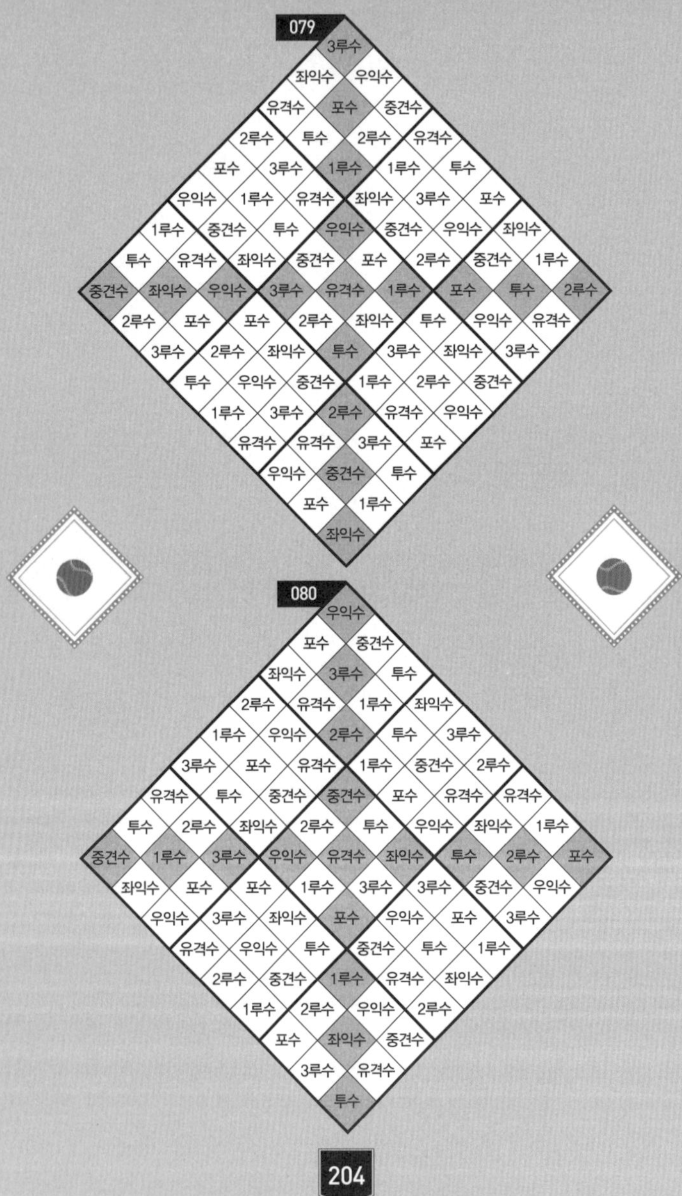

079
080
204

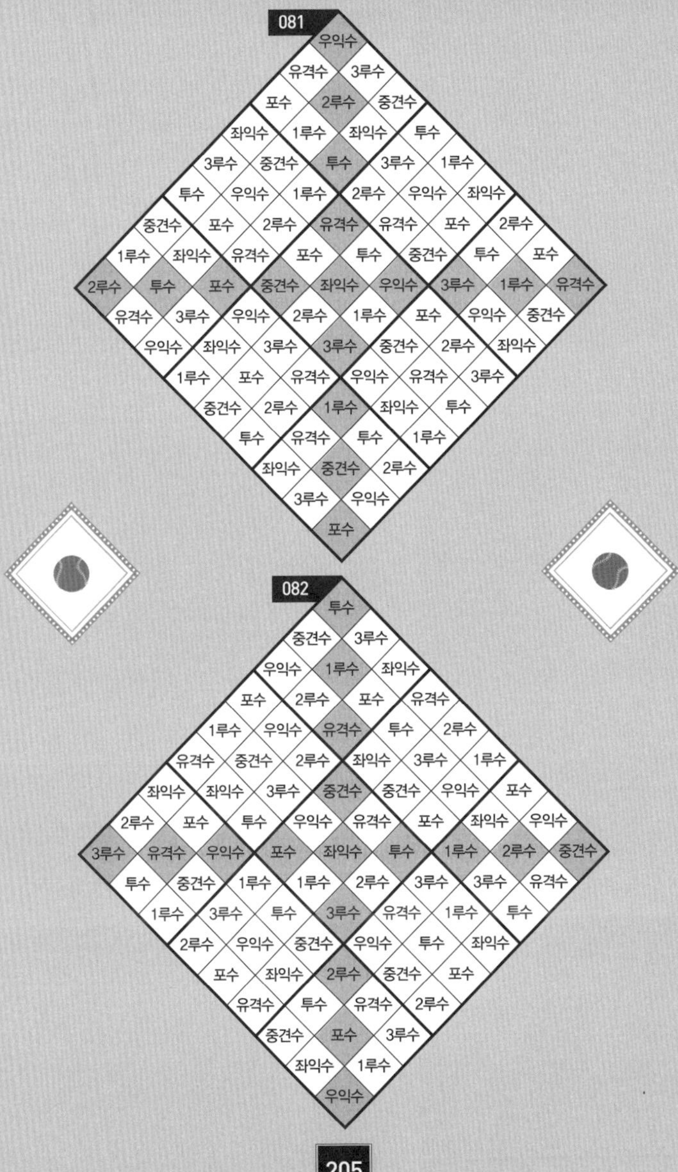
081
082
205

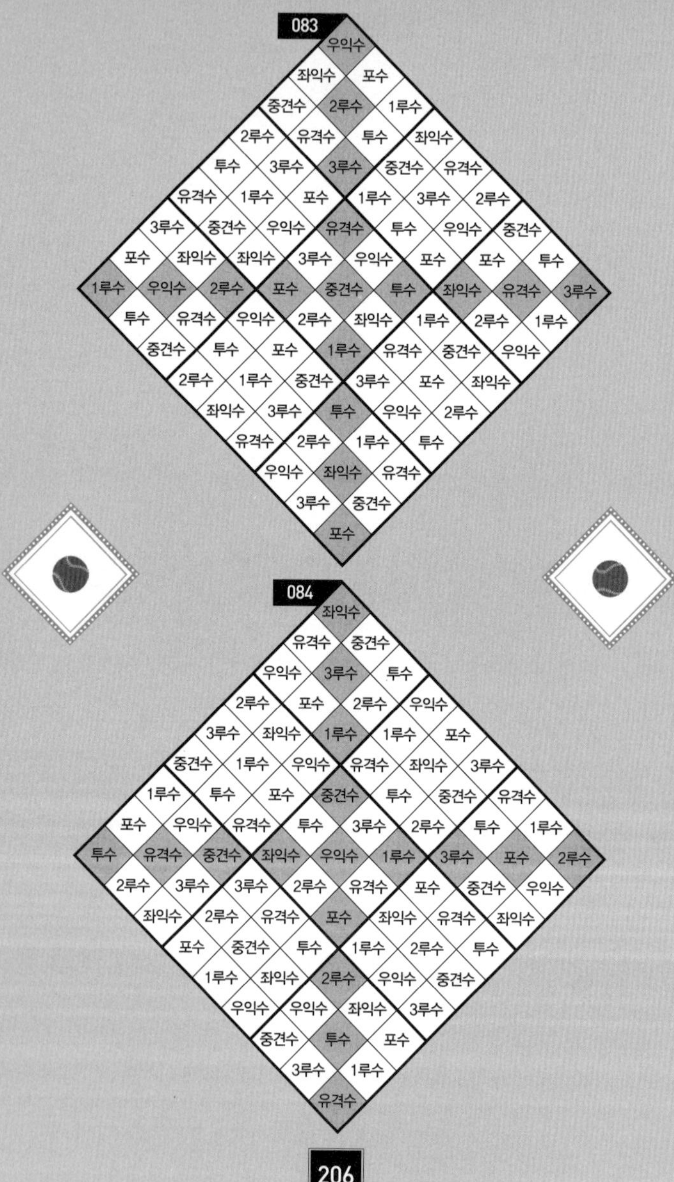

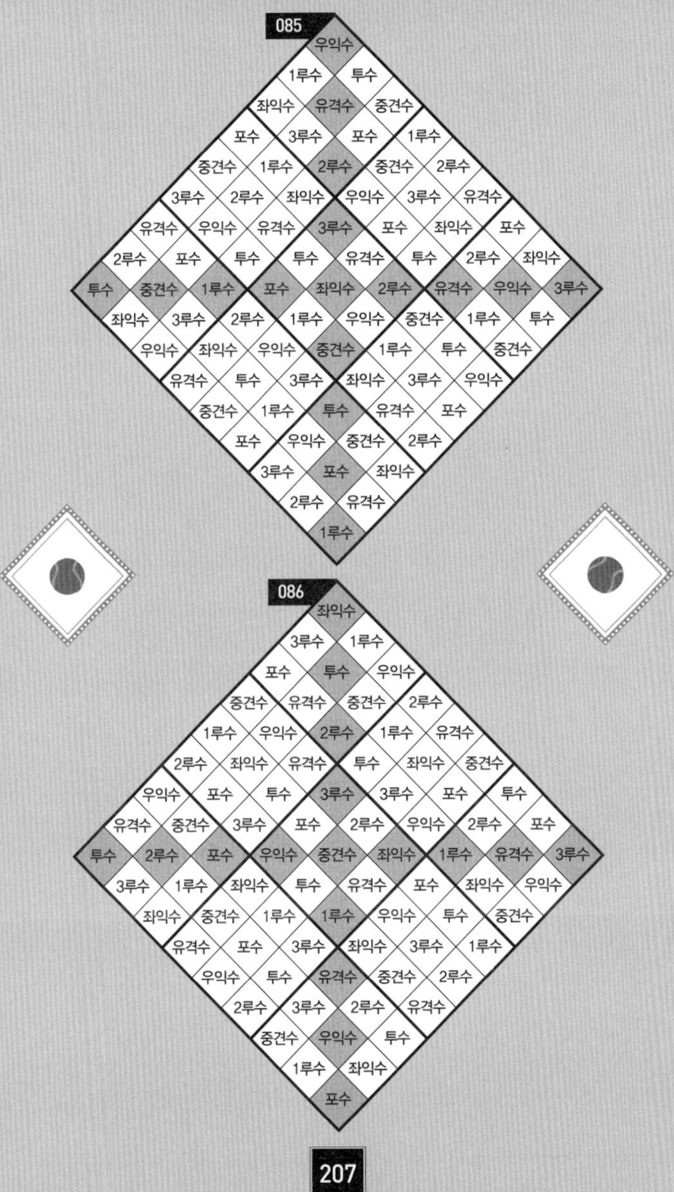
086

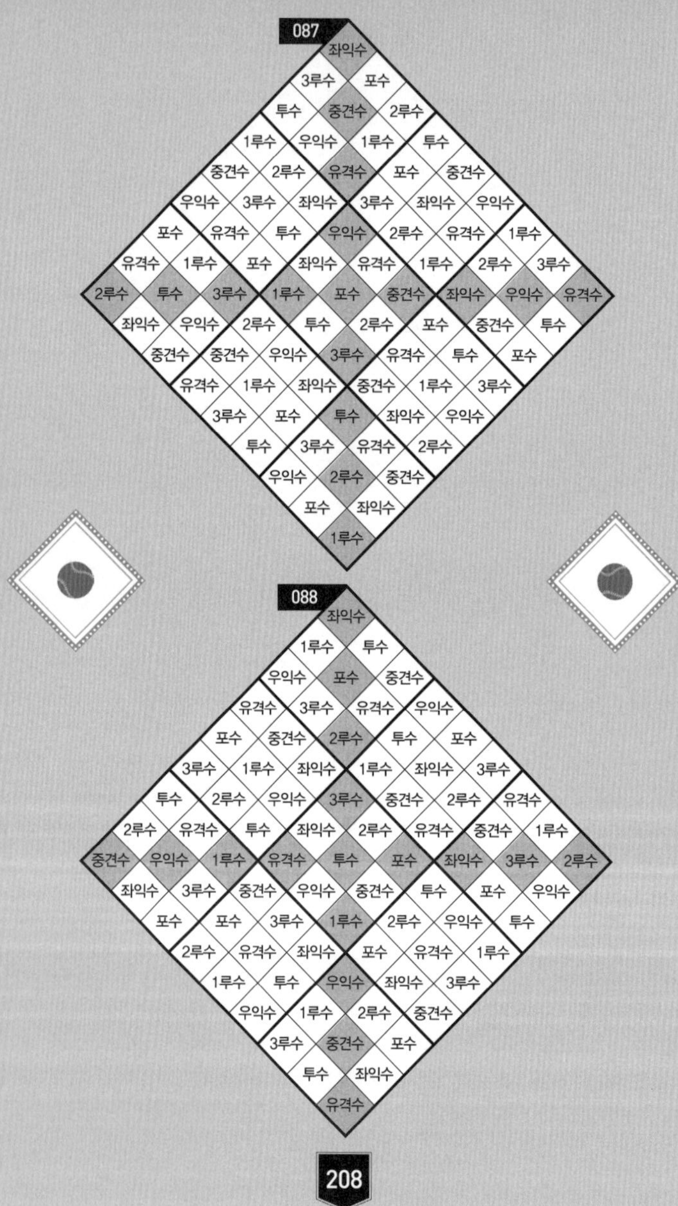

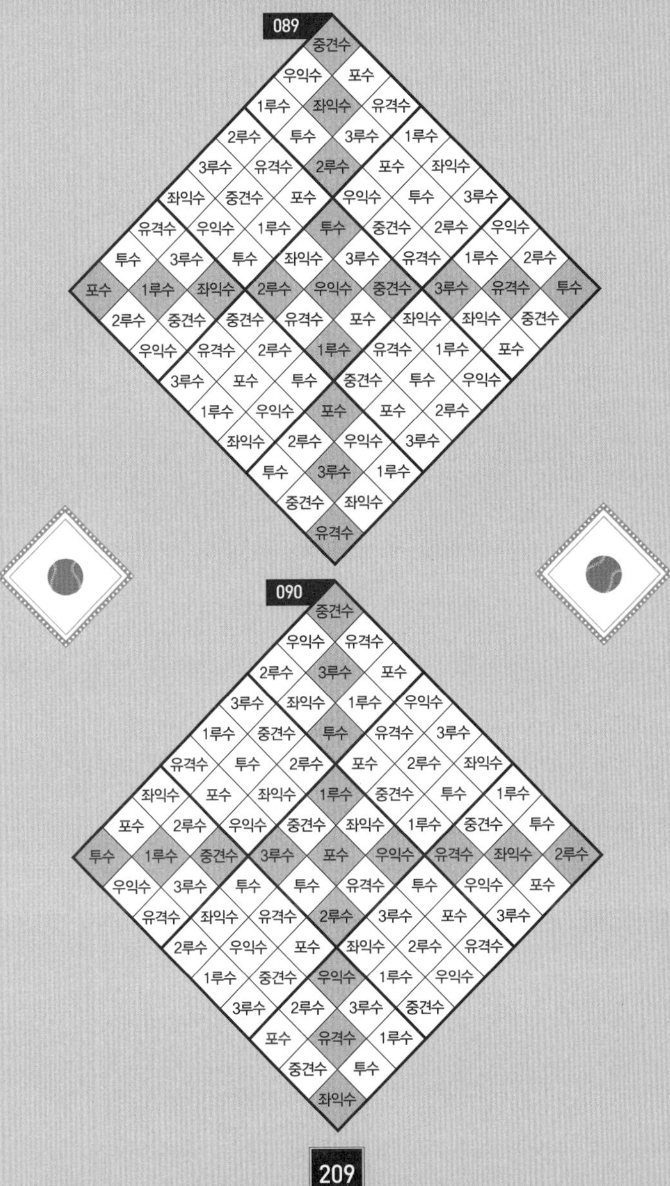

089
중견수
우익수 포수
1루수 좌익수 유격수
2루수 투수 3루수 1루수
3루수 유격수 2루수 포수 좌익수
좌익수 중견수 포수 우익수 투수 3루수
유격수 우익수 1루수 투수 중견수 2루수 우익수
투수 3루수 투수 좌익수 3루수 유격수 1루수 2루수
포수 1루수 좌익수 2루수 우익수 중견수 3루수 유격수 투수
2루수 중견수 중견수 유격수 포수 좌익수 좌익수 중견수
우익수 유격수 2루수 1루수 유격수 1루수 포수
3루수 포수 투수 중견수 투수 우익수
1루수 우익수 포수 포수 2루수
좌익수 2루수 우익수 3루수
투수 3루수 1루수
중견수 좌익수
유격수
090
중견수
우익수 유격수
2루수 3루수 포수
3루수 좌익수 1루수 우익수
1루수 중견수 투수 유격수 3루수
유격수 투수 2루수 포수 2루수 좌익수
좌익수 포수 좌익수 1루수 중견수 투수 1루수
포수 2루수 우익수 중견수 좌익수 1루수 중견수 투수
투수 1루수 중견수 3루수 포수 우익수 유격수 좌익수 2루수
우익수 3루수 투수 투수 유격수 투수 우익수 포수
유격수 좌익수 유격수 2루수 3루수 포수 3루수
2루수 우익수 포수 좌익수 2루수 유격수
1루수 중견수 우익수 1루수 우익수
3루수 2루수 3루수 중견수
포수 유격수 1루수
중견수 투수
좌익수
209

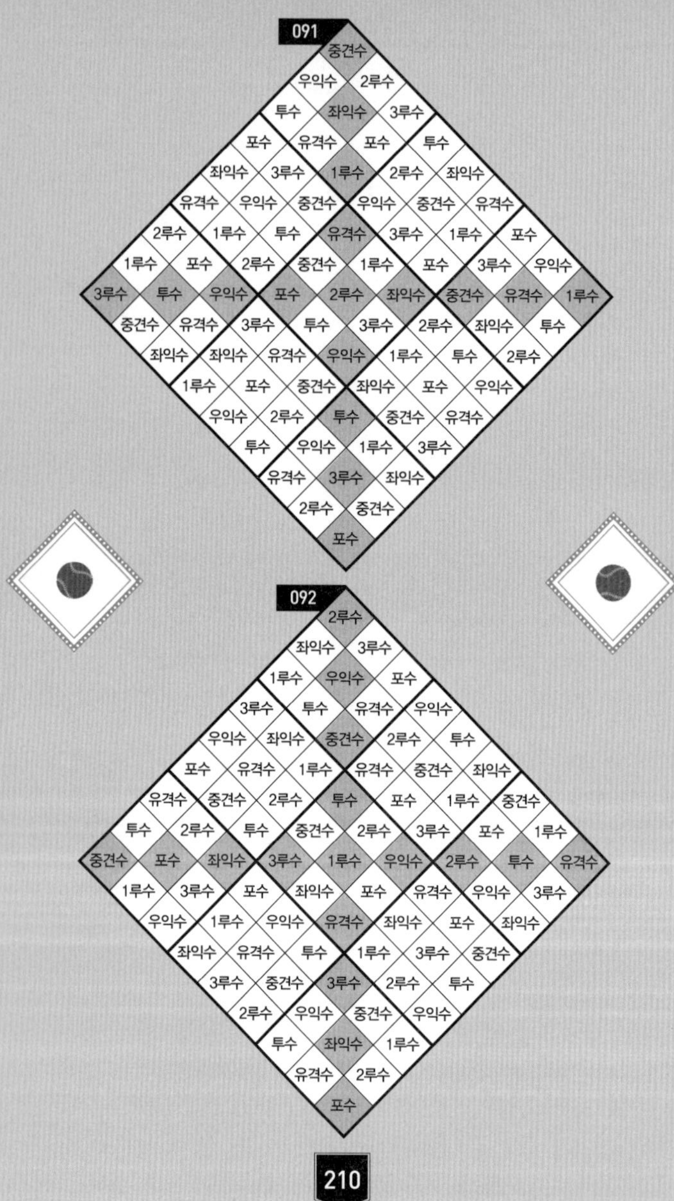

091
092
210

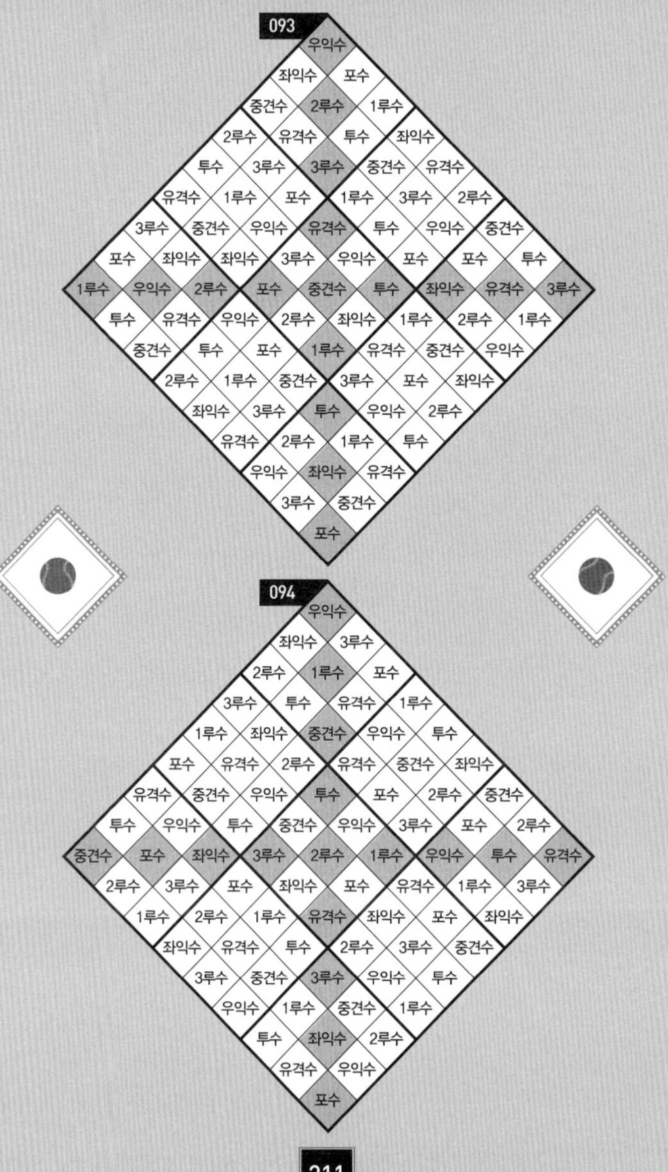

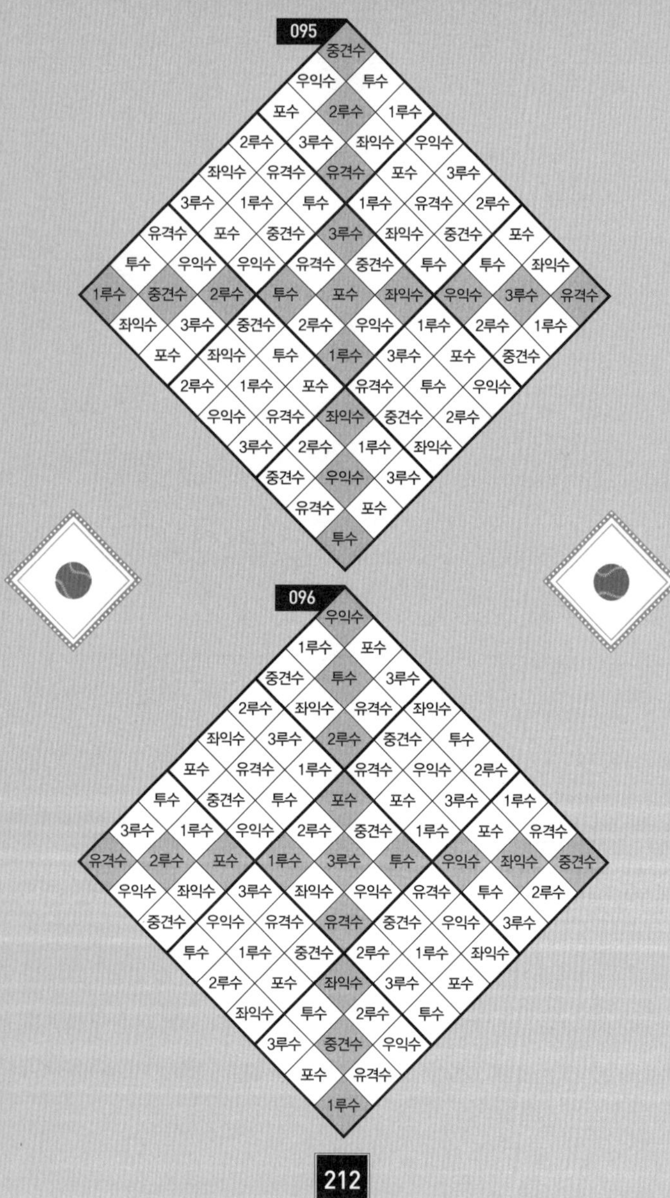

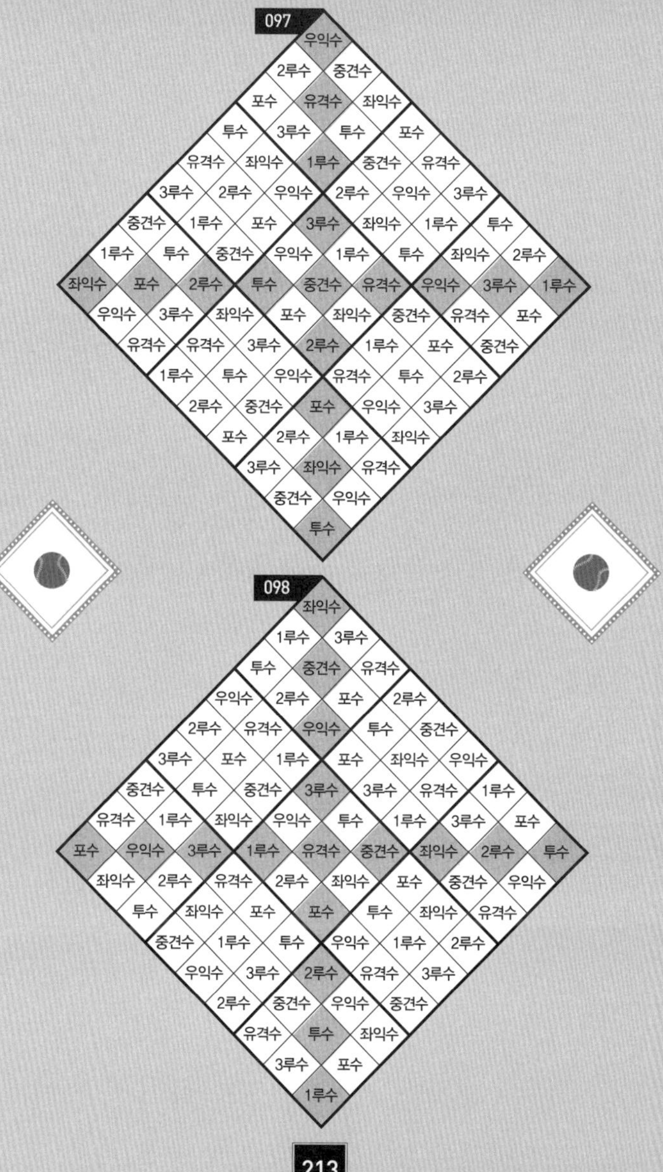

097
우익수
2루수 중견수
포수 유격수 좌익수
투수 3루수 투수 포수
유격수 좌익수 1루수 중견수 유격수
3루수 2루수 우익수 2루수 우익수 3루수
중견수 1루수 포수 3루수 좌익수 1루수 투수
1루수 투수 중견수 우익수 1루수 투수 좌익수 2루수
좌익수 포수 2루수 투수 중견수 유격수 우익수 3루수 1루수
우익수 3루수 좌익수 포수 좌익수 중견수 유격수 포수
유격수 유격수 3루수 2루수 1루수 포수 중견수
1루수 투수 우익수 유격수 투수 2루수
2루수 중견수 포수 우익수 3루수
포수 2루수 1루수 좌익수
3루수 좌익수 유격수
중견수 우익수
투수

098
좌익수
1루수 3루수
투수 중견수 유격수
우익수 2루수 포수 2루수
2루수 유격수 우익수 투수 중견수
3루수 포수 1루수 포수 좌익수 우익수
중견수 투수 중견수 3루수 3루수 유격수 1루수
유격수 1루수 좌익수 우익수 투수 1루수 3루수 포수
포수 우익수 3루수 1루수 유격수 중견수 좌익수 2루수 투수
좌익수 2루수 유격수 2루수 좌익수 포수 중견수 우익수
투수 좌익수 포수 포수 투수 좌익수 유격수
중견수 1루수 투수 우익수 1루수 2루수
우익수 3루수 2루수 유격수 3루수
2루수 중견수 우익수 중견수
유격수 투수 좌익수
3루수 포수
1루수

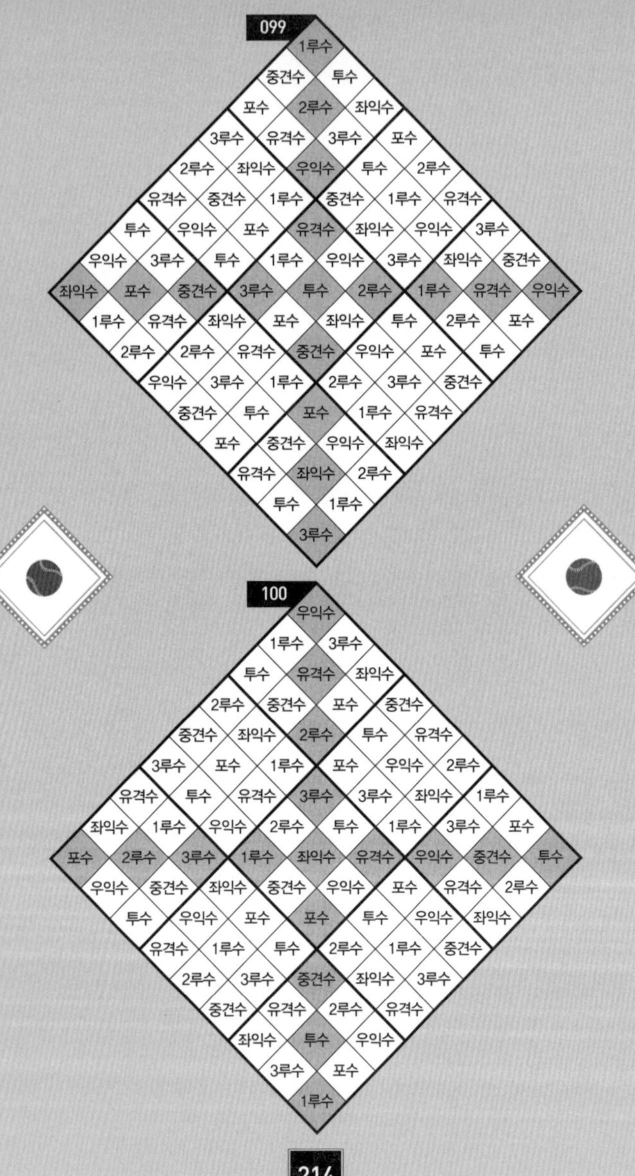

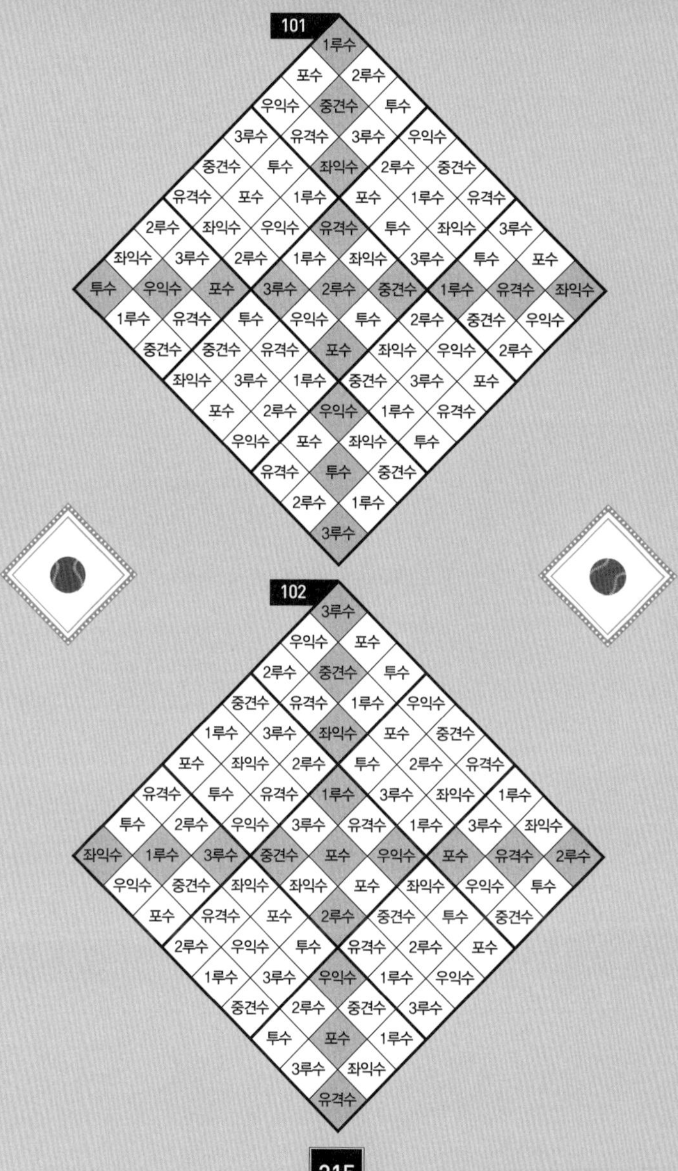

101
102
215

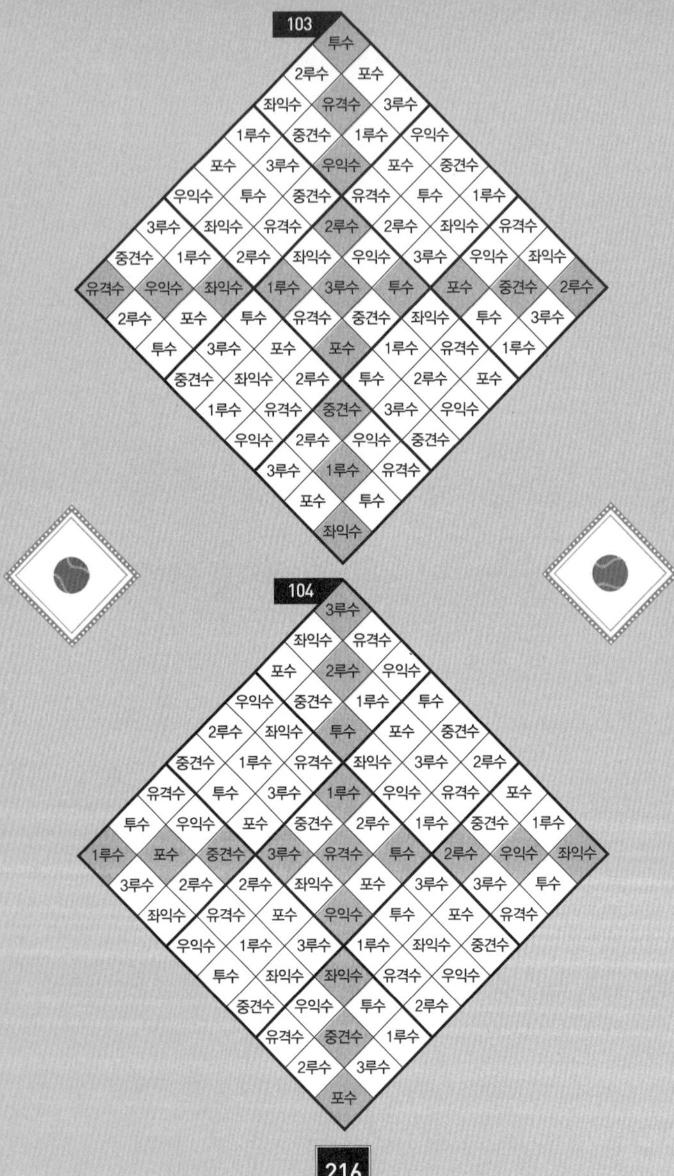

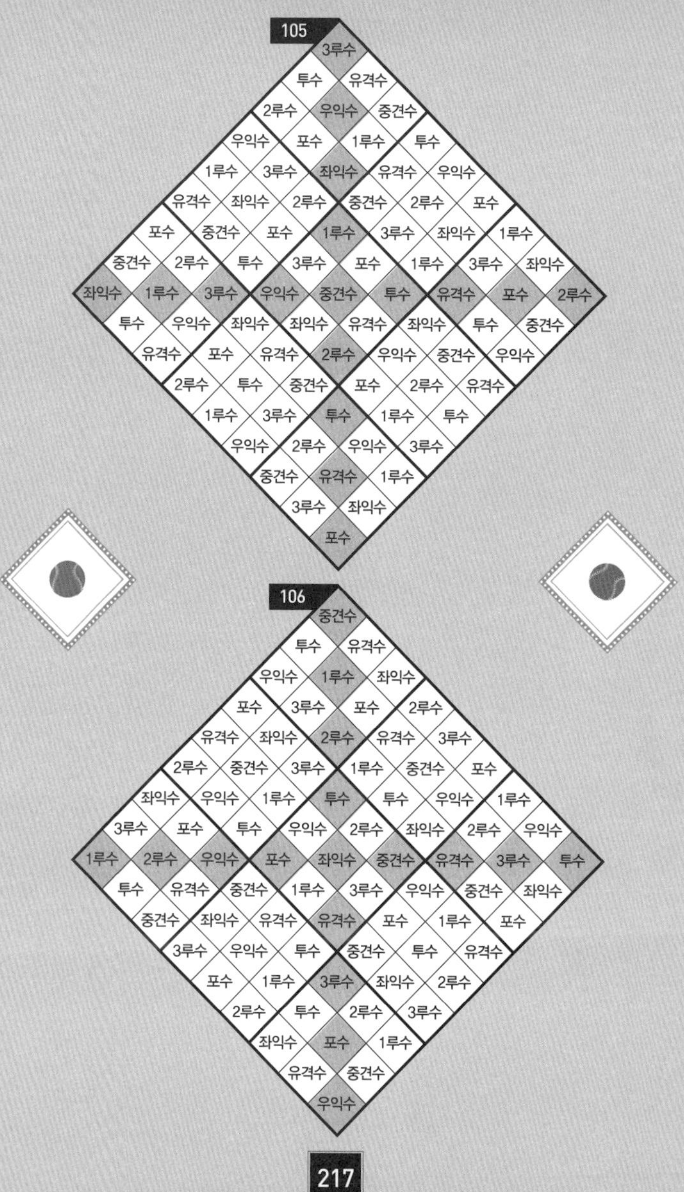

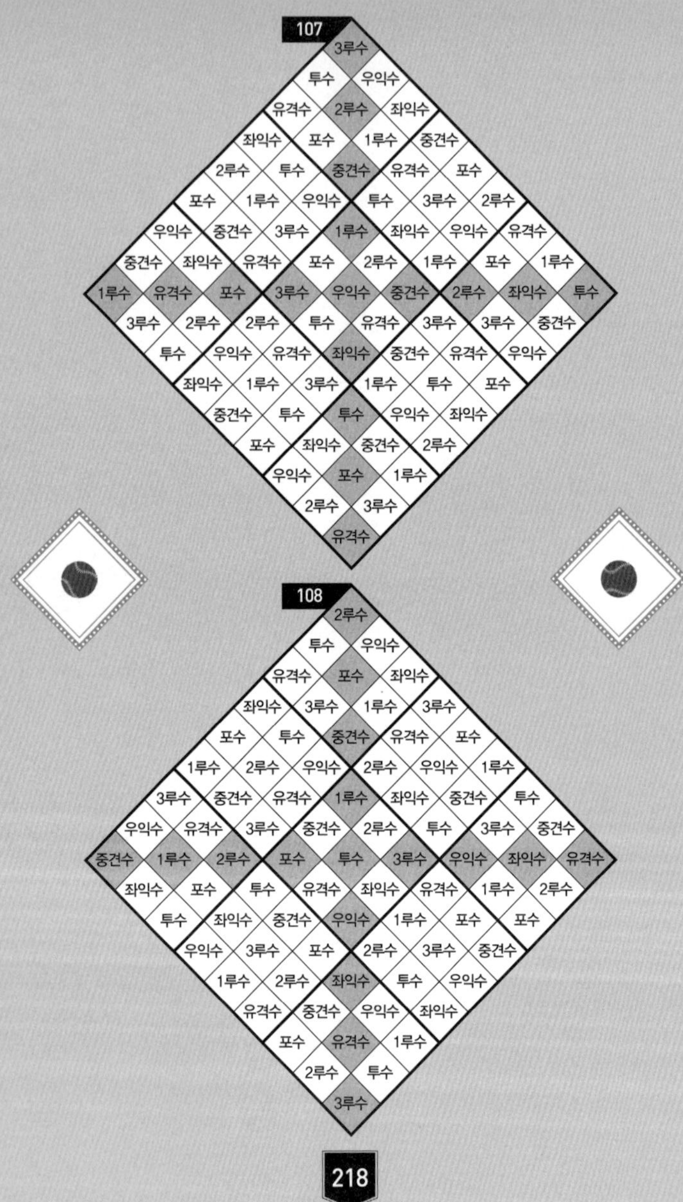

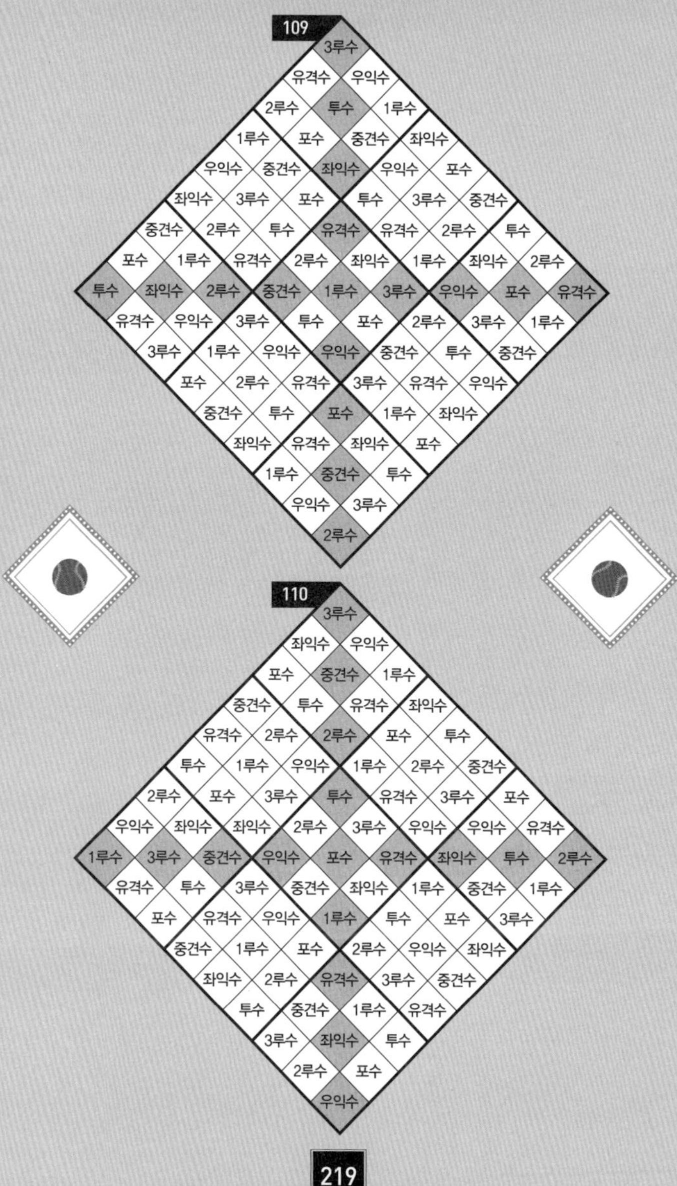

109
110
219

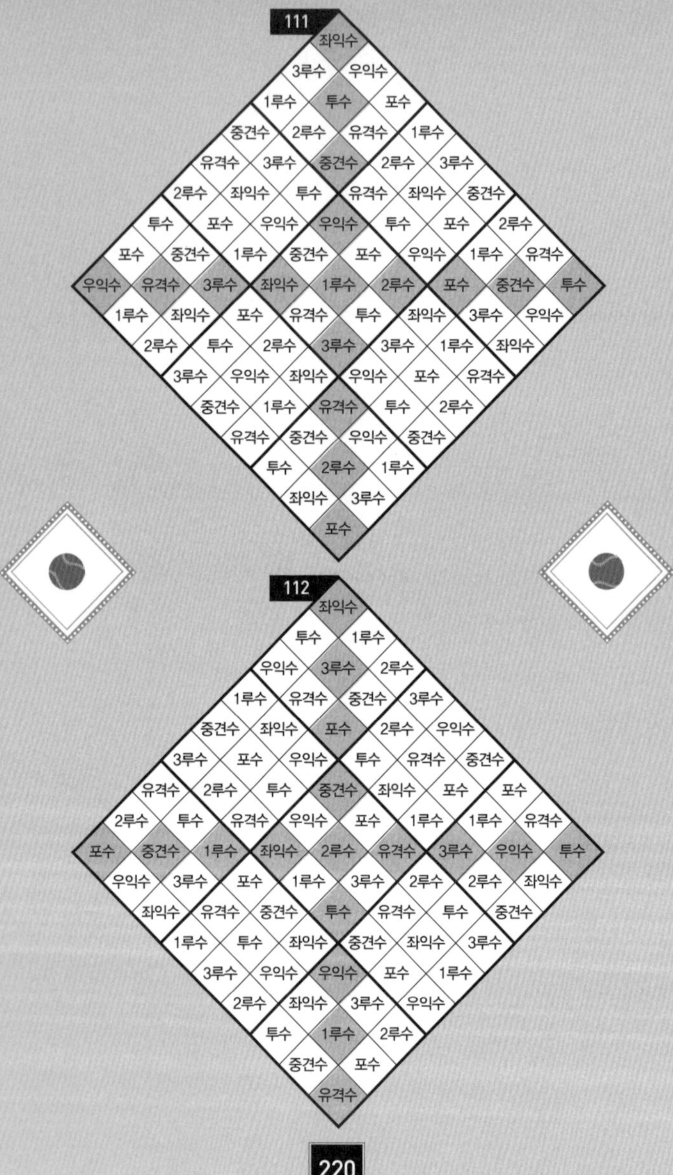

111
좌익수
3루수 우익수
1루수 투수 포수
중견수 2루수 유격수 1루수
유격수 3루수 중견수 2루수 3루수
2루수 좌익수 투수 유격수 좌익수 중견수
투수 포수 우익수 우익수 투수 포수 2루수
포수 중견수 1루수 중견수 포수 우익수 1루수 유격수
우익수 유격수 3루수 좌익수 1루수 2루수 포수 중견수 투수
1루수 좌익수 포수 유격수 투수 좌익수 3루수 우익수
2루수 투수 2루수 3루수 3루수 1루수 좌익수
3루수 우익수 좌익수 우익수 포수 유격수
중견수 1루수 유격수 투수 2루수
유격수 중견수 우익수 중견수
투수 2루수 1루수
좌익수 3루수
포수

112
좌익수
투수 1루수
우익수 3루수 2루수
1루수 유격수 중견수 3루수
중견수 좌익수 포수 2루수 우익수
3루수 포수 우익수 투수 유격수 중견수
유격수 2루수 투수 중견수 좌익수 포수 포수
2루수 투수 유격수 우익수 포수 1루수 1루수 유격수
포수 중견수 1루수 좌익수 2루수 유격수 3루수 우익수 투수
우익수 3루수 포수 1루수 3루수 2루수 2루수 좌익수
좌익수 유격수 중견수 투수 유격수 투수 중견수
1루수 투수 좌익수 중견수 좌익수 3루수
3루수 우익수 우익수 포수 1루수
2루수 좌익수 3루수 우익수
투수 1루수 2루수
중견수 포수
유격수

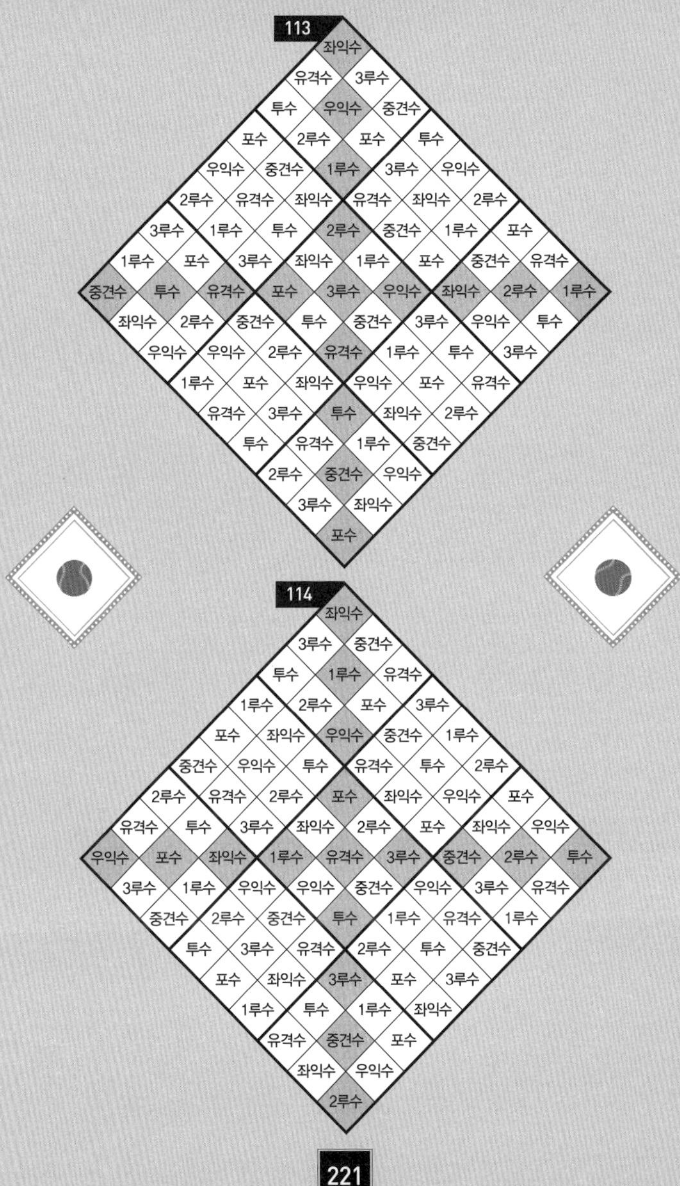

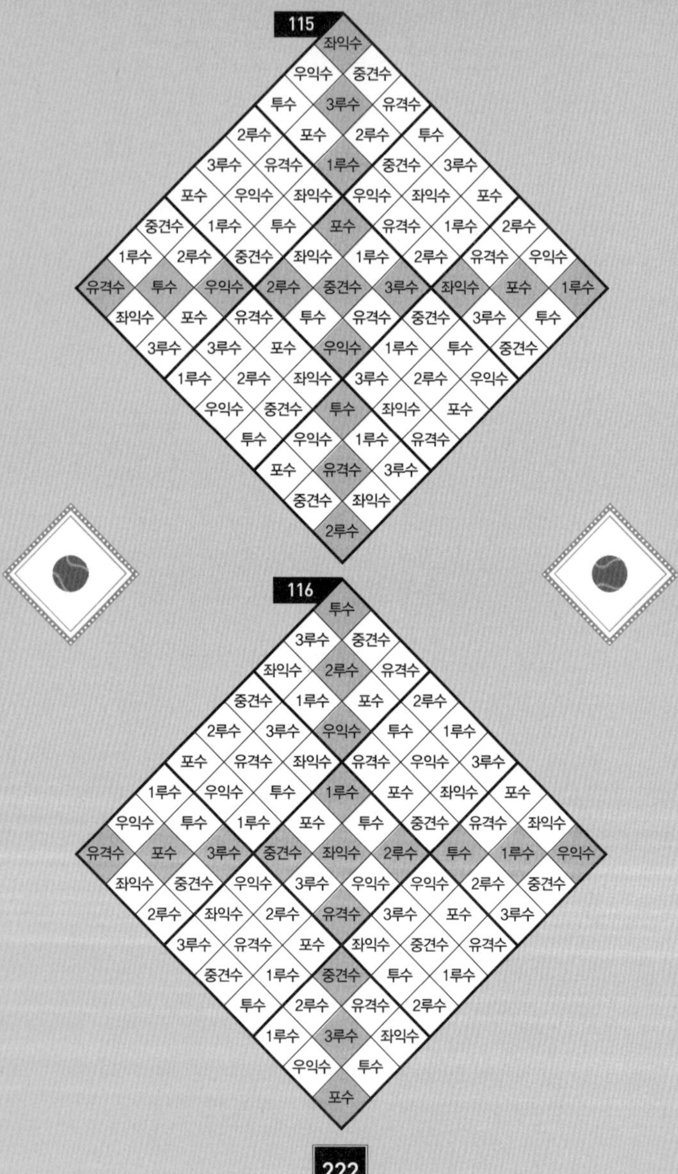

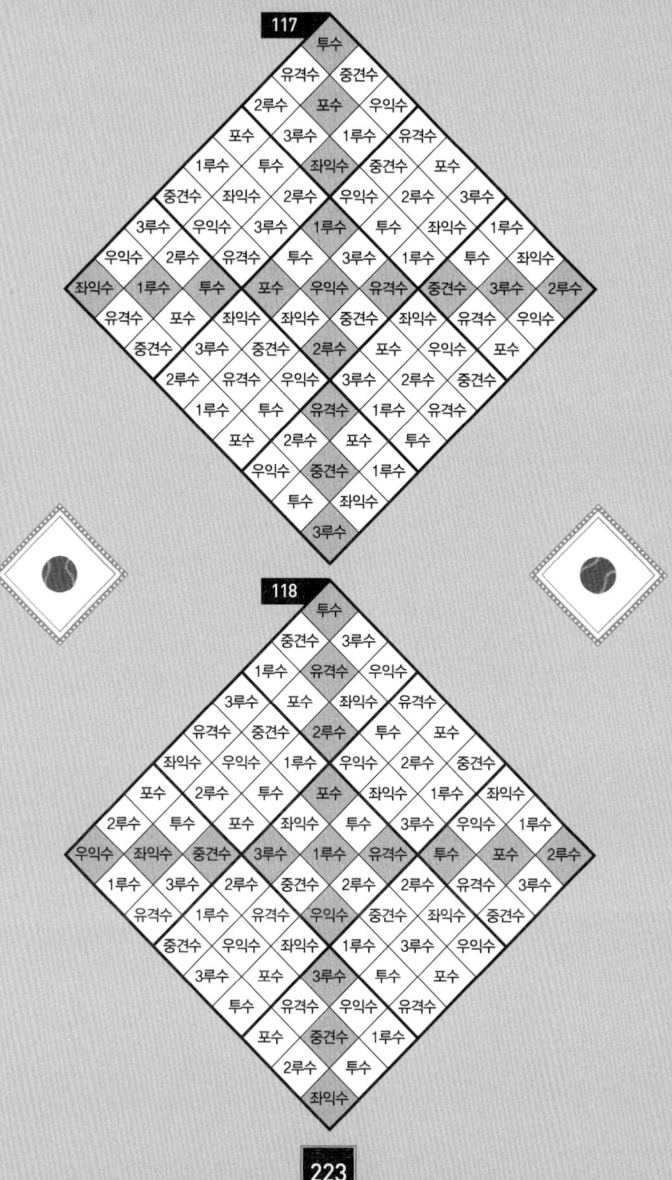

117
투수
유격수 중견수
2루수 포수 우익수
포수 3루수 1루수 유격수
1루수 투수 좌익수 중견수 포수
중견수 좌익수 2루수 우익수 2루수 3루수
3루수 우익수 3루수 1루수 투수 좌익수 1루수
우익수 2루수 유격수 투수 3루수 1루수 투수 좌익수
좌익수 1루수 투수 포수 우익수 유격수 중견수 3루수 2루수
유격수 포수 좌익수 좌익수 중견수 좌익수 유격수 우익수
중견수 3루수 중견수 2루수 포수 우익수 포수
2루수 유격수 우익수 3루수 2루수 중견수
1루수 투수 유격수 1루수 유격수
포수 2루수 포수 투수
우익수 중견수 1루수
투수 좌익수
3루수

118
투수
중견수 3루수
1루수 유격수 우익수
3루수 포수 좌익수 유격수
유격수 중견수 2루수 투수 포수
좌익수 우익수 1루수 우익수 2루수 중견수
포수 2루수 투수 포수 좌익수 1루수 좌익수
2루수 투수 포수 좌익수 투수 3루수 우익수 1루수
우익수 좌익수 중견수 3루수 1루수 유격수 투수 포수 2루수
1루수 3루수 2루수 중견수 2루수 2루수 유격수 3루수
유격수 1루수 유격수 우익수 중견수 좌익수 중견수
중견수 우익수 좌익수 1루수 3루수 우익수
3루수 포수 3루수 투수 포수
투수 유격수 우익수 유격수
포수 중견수 1루수
2루수 투수
좌익수

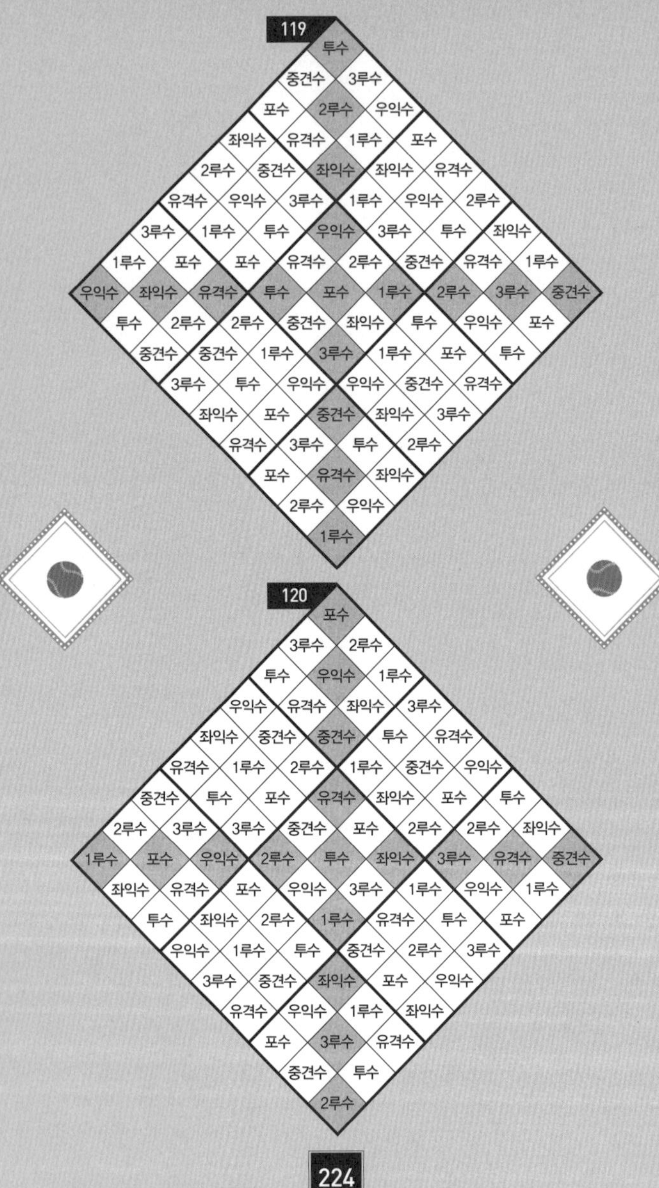
119
120
224

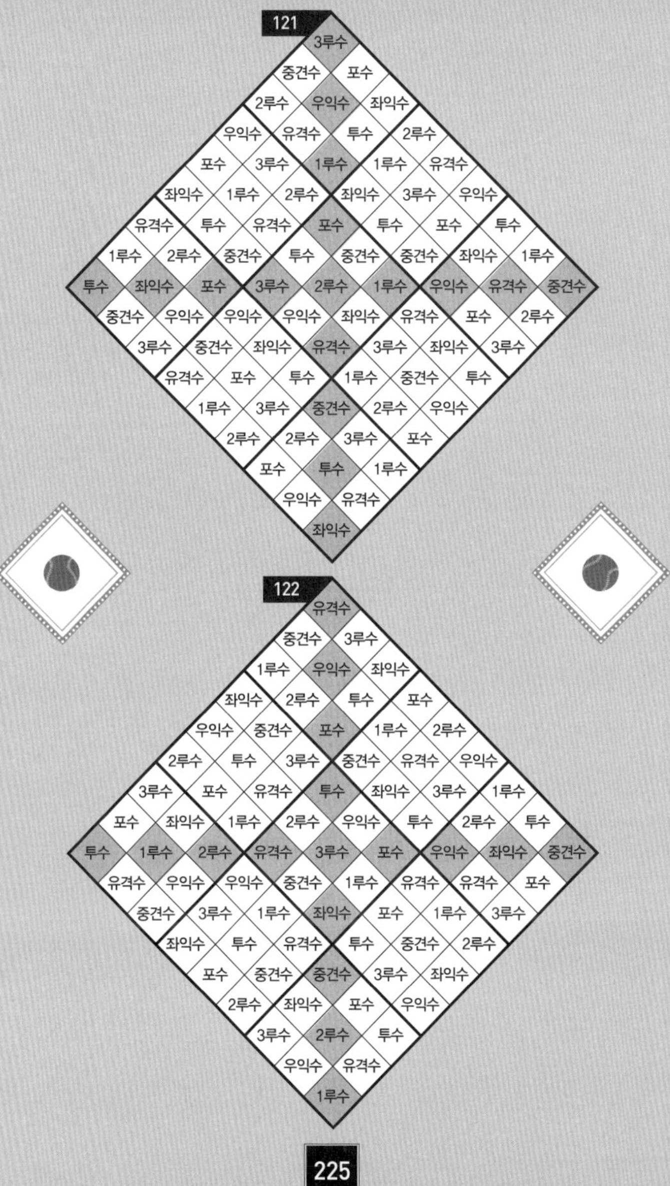

121
122
225

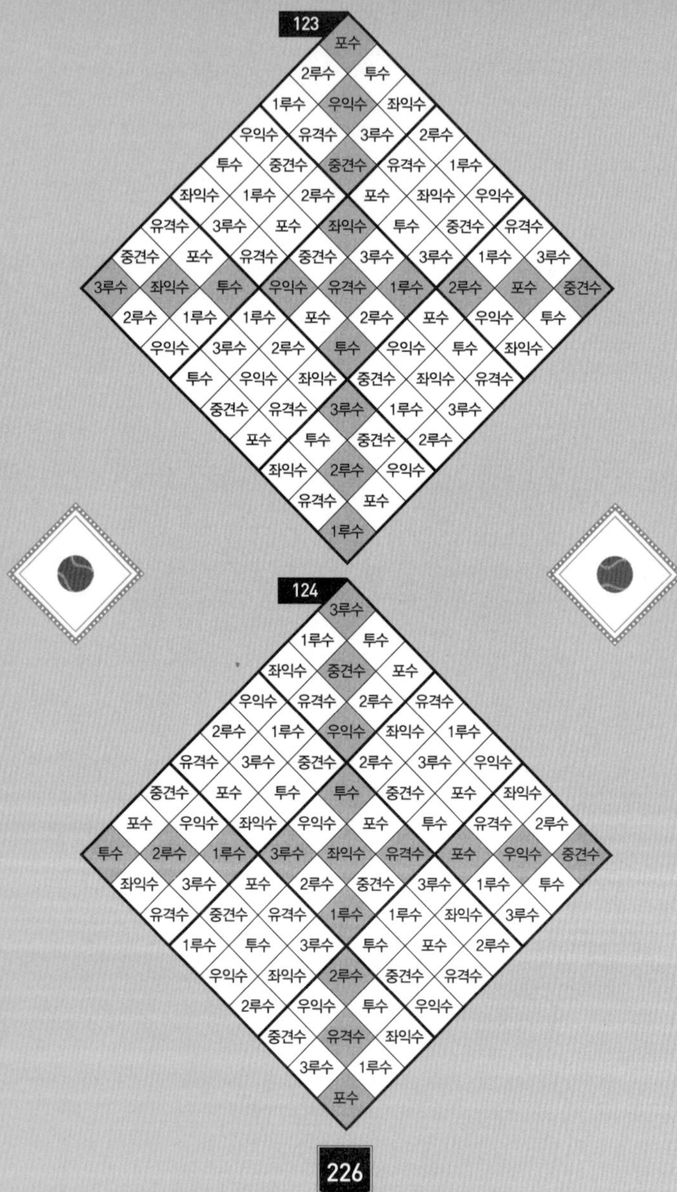

123
포수
2루수 투수
1루수 우익수 좌익수
우익수 유격수 3루수 2루수
투수 중견수 중견수 유격수 1루수
좌익수 1루수 2루수 포수 좌익수 우익수
유격수 3루수 포수 좌익수 투수 중견수 유격수
중견수 포수 유격수 중견수 3루수 3루수 1루수 3루수
3루수 좌익수 투수 우익수 유격수 1루수 2루수 포수 중견수
2루수 1루수 1루수 포수 2루수 포수 우익수 투수
우익수 3루수 2루수 투수 우익수 투수 좌익수
투수 우익수 좌익수 중견수 좌익수 유격수
중견수 유격수 3루수 1루수 3루수
포수 투수 중견수 2루수
좌익수 2루수 우익수
유격수 포수
1루수
124
3루수
1루수 투수
좌익수 중견수 포수
우익수 유격수 2루수 유격수
2루수 1루수 우익수 좌익수 1루수
유격수 3루수 중견수 2루수 3루수 우익수
중견수 포수 투수 투수 중견수 포수 좌익수
포수 우익수 좌익수 우익수 포수 투수 유격수 2루수
투수 2루수 1루수 3루수 좌익수 유격수 포수 우익수 중견수
좌익수 3루수 포수 2루수 중견수 3루수 1루수 투수
유격수 중견수 유격수 1루수 1루수 좌익수 3루수
1루수 투수 3루수 투수 포수 2루수
우익수 좌익수 2루수 중견수 유격수
2루수 우익수 투수 우익수
중견수 유격수 좌익수
3루수 1루수
포수
226

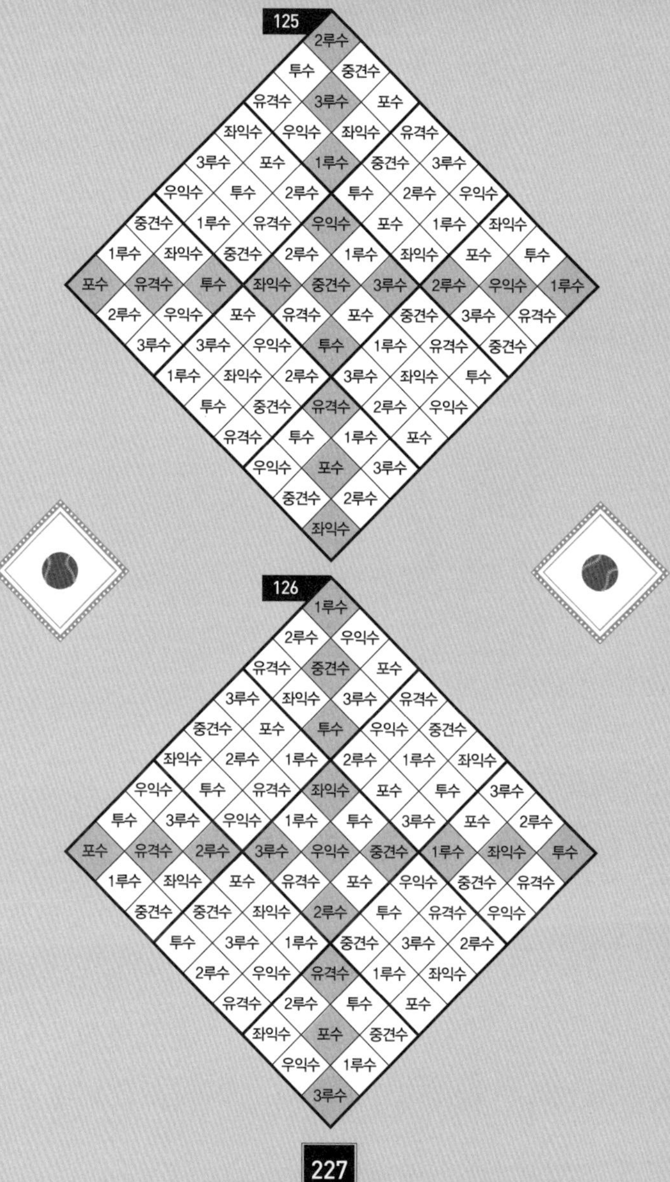

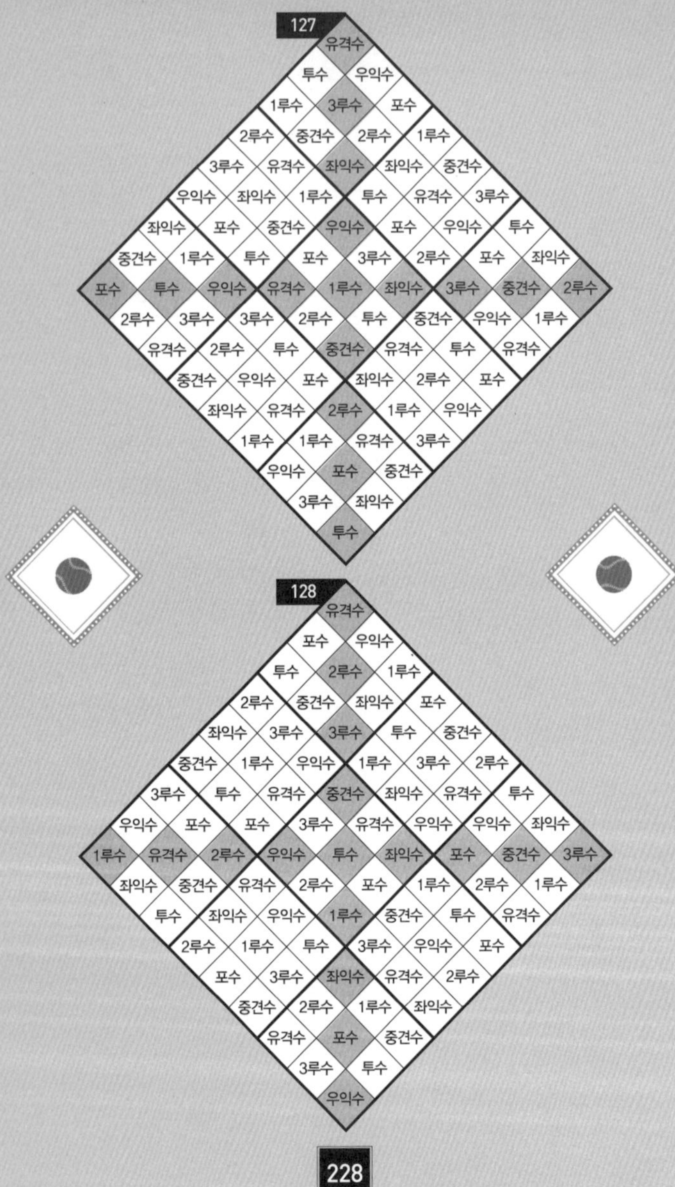

127

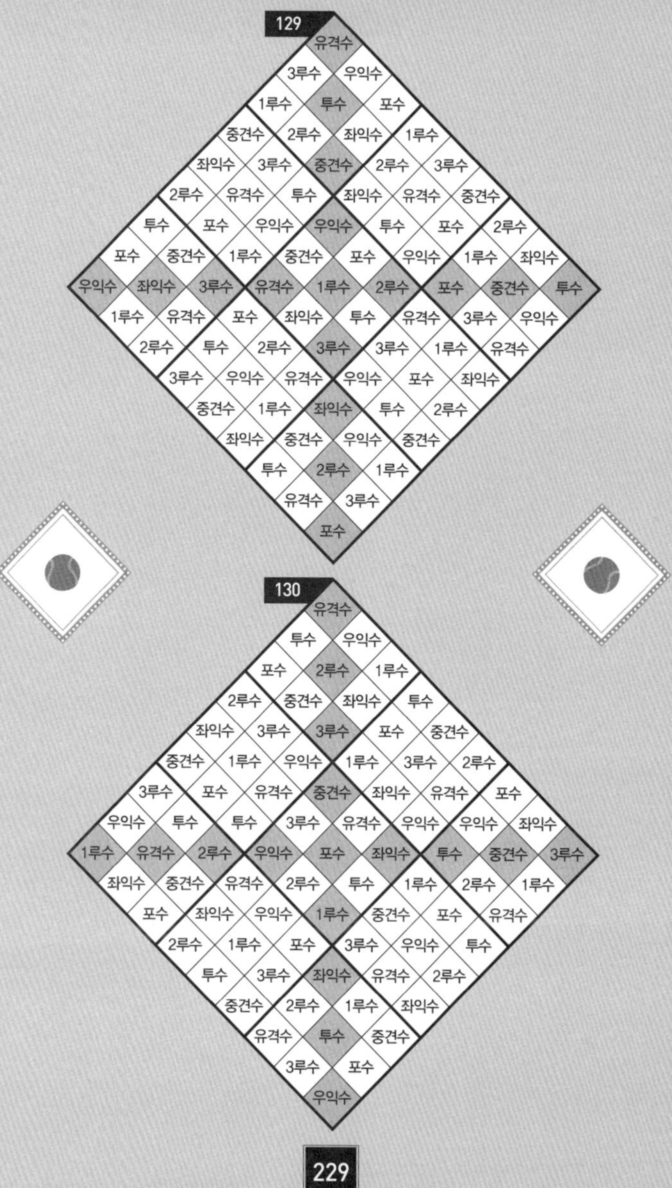

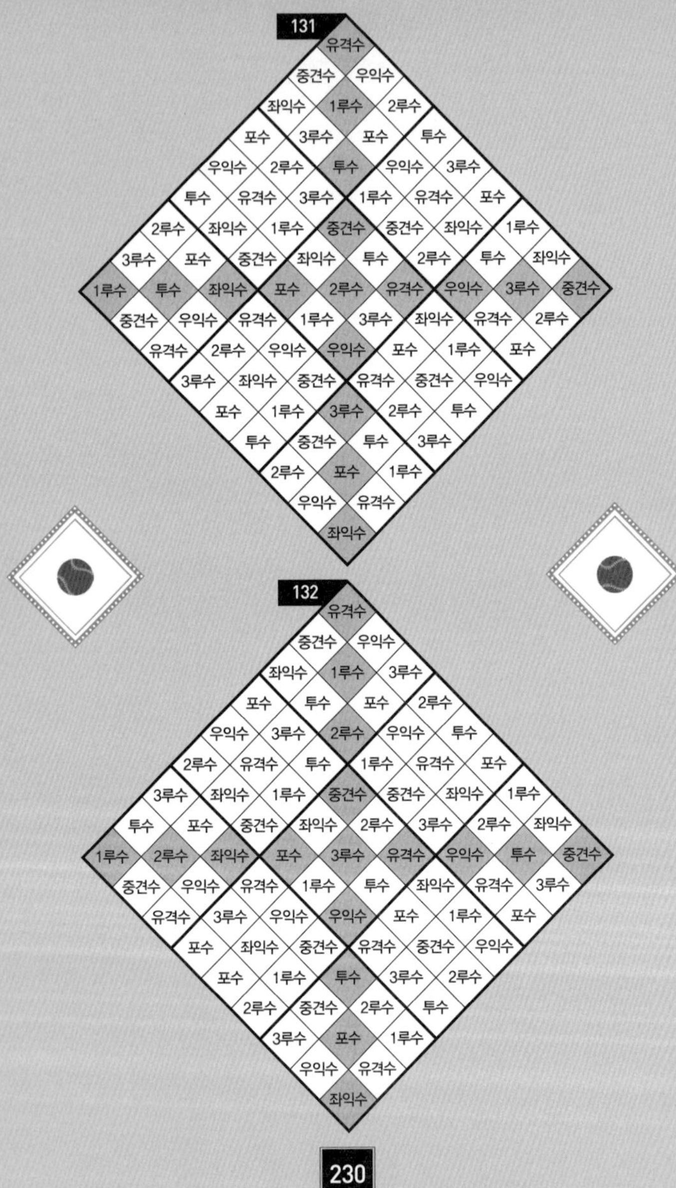

131
132
230

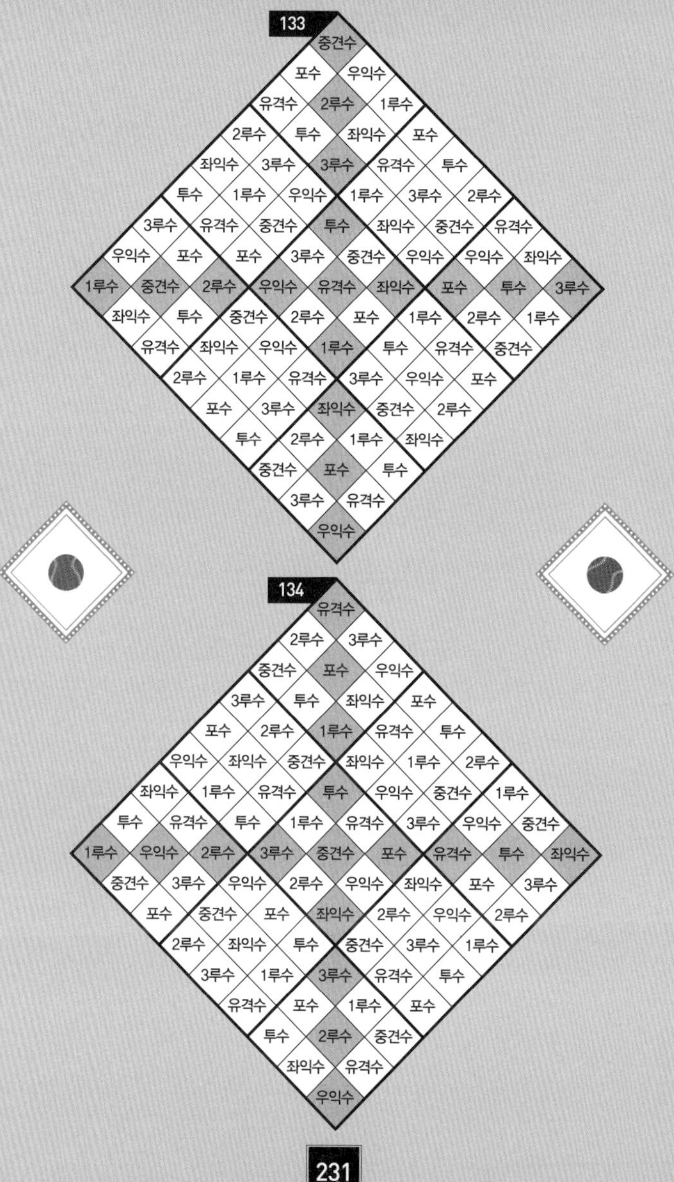

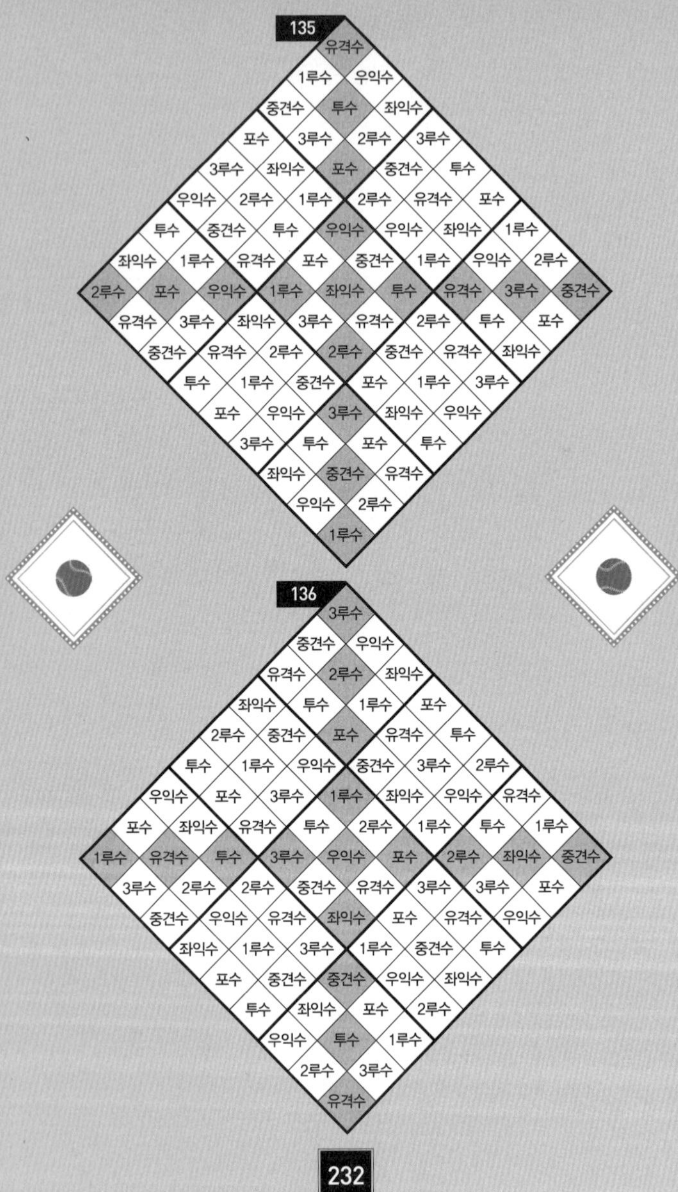

135
136
232

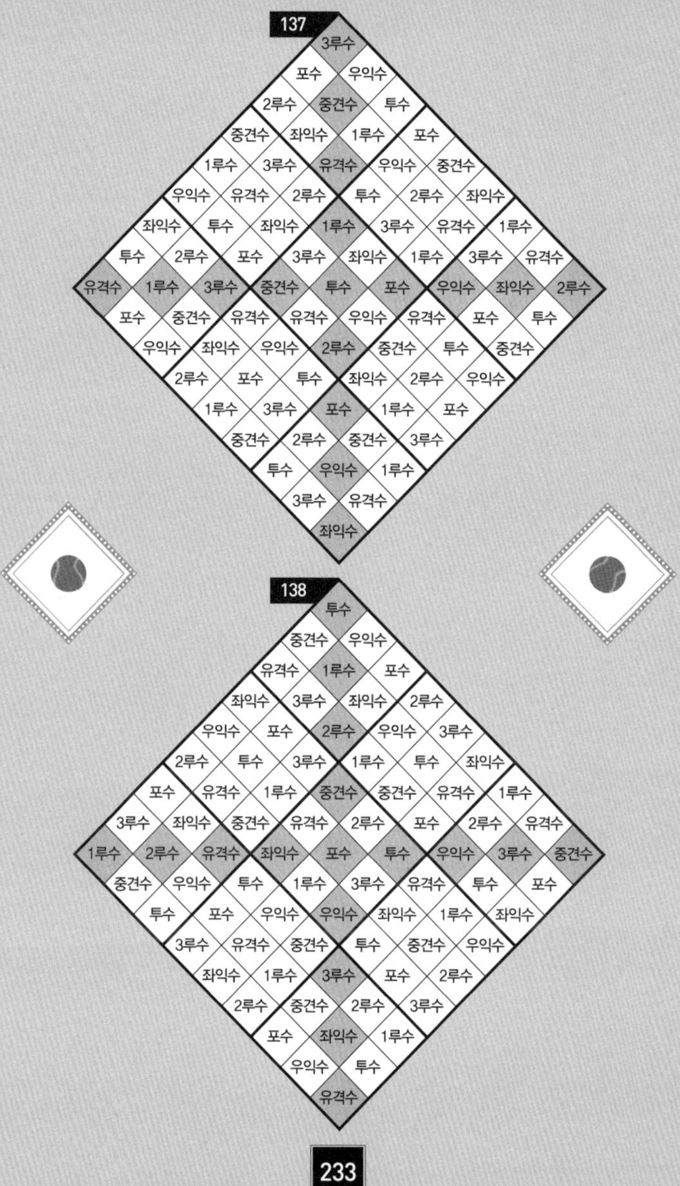

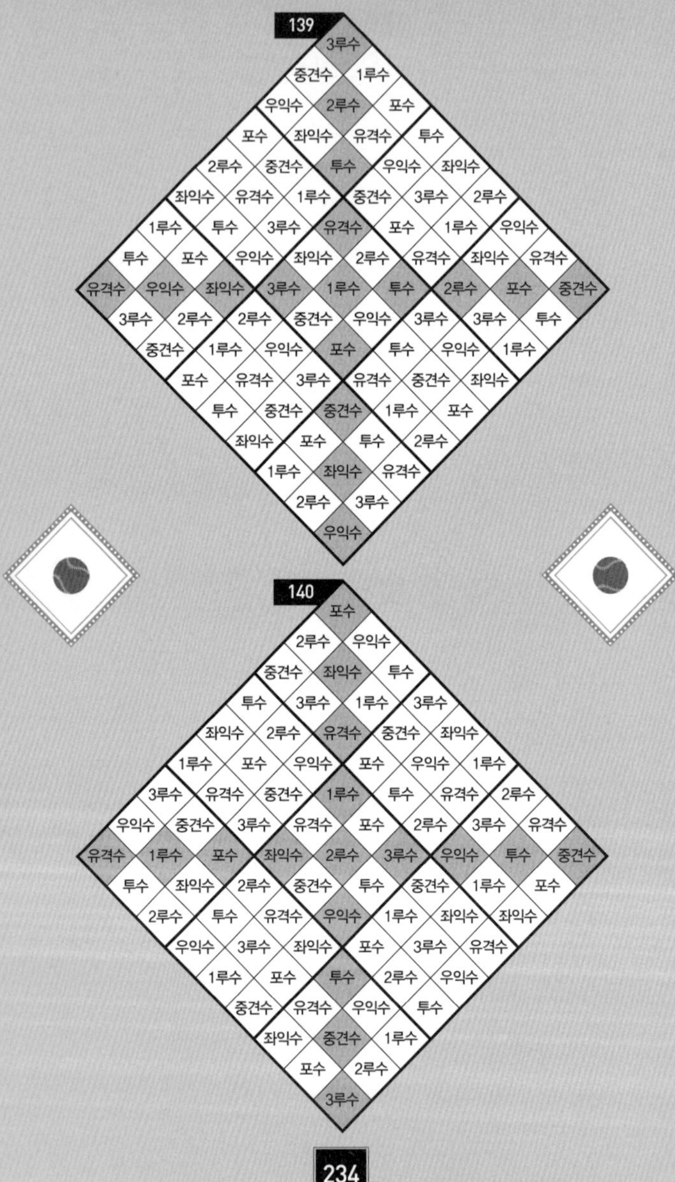

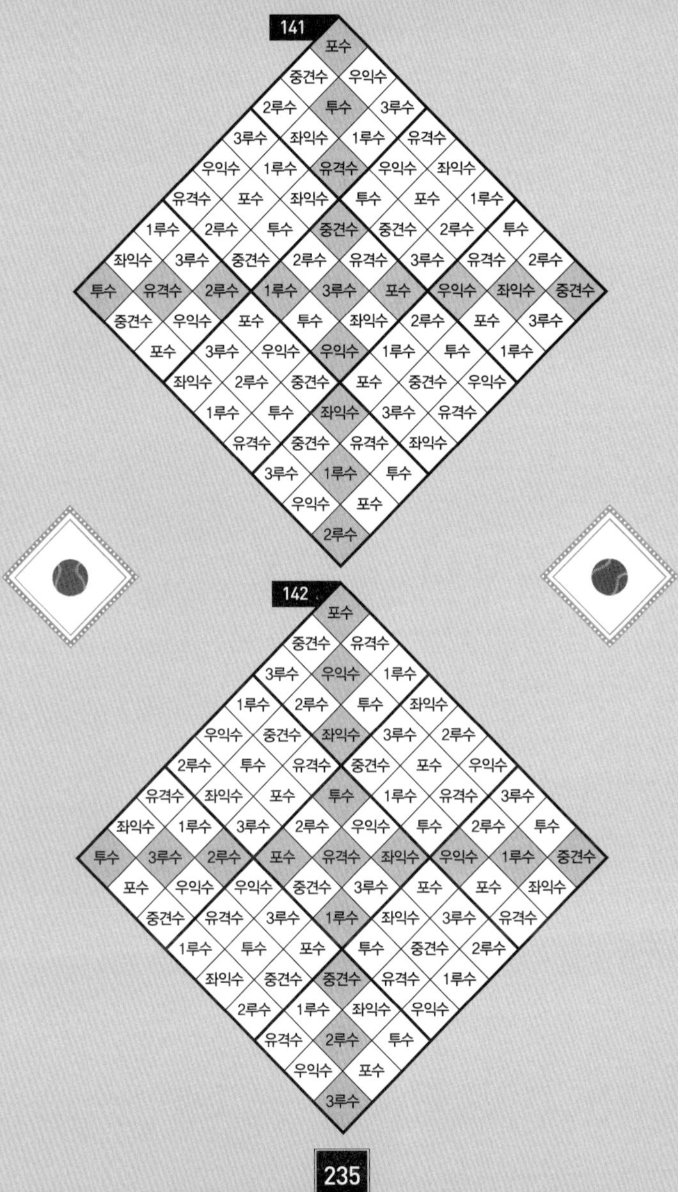

141
포수
중견수 우익수
2루수 투수 3루수
3루수 좌익수 1루수 유격수
우익수 1루수 유격수 우익수 좌익수
유격수 포수 좌익수 투수 포수 1루수
1루수 2루수 투수 중견수 중견수 2루수 투수
좌익수 3루수 중견수 2루수 유격수 3루수 유격수 2루수
투수 유격수 2루수 1루수 3루수 포수 우익수 좌익수 중견수
중견수 우익수 포수 투수 좌익수 2루수 포수 3루수
포수 3루수 우익수 우익수 1루수 투수 1루수
좌익수 2루수 중견수 포수 중견수 우익수
1루수 투수 좌익수 3루수 유격수
유격수 중견수 유격수 좌익수
3루수 1루수 투수
우익수 포수
2루수

142
포수
중견수 유격수
3루수 우익수 1루수
1루수 2루수 투수 좌익수
우익수 중견수 좌익수 3루수 2루수
2루수 투수 유격수 중견수 포수 우익수
유격수 좌익수 포수 투수 1루수 유격수 3루수
좌익수 1루수 3루수 2루수 우익수 투수 2루수 투수
투수 3루수 2루수 포수 유격수 좌익수 우익수 1루수 중견수
포수 우익수 우익수 중견수 3루수 포수 포수 좌익수
중견수 유격수 3루수 1루수 좌익수 3루수 유격수
1루수 투수 포수 투수 중견수 2루수
좌익수 중견수 중견수 유격수 1루수
2루수 1루수 좌익수 우익수
유격수 2루수 투수
우익수 포수
3루수

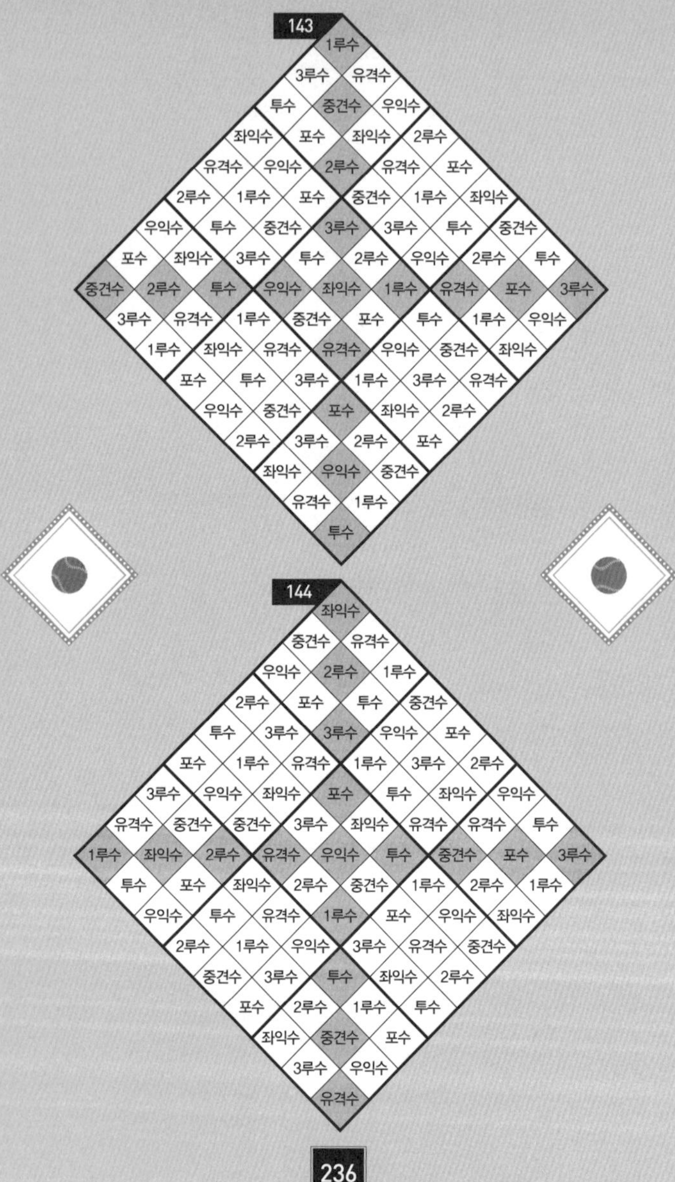

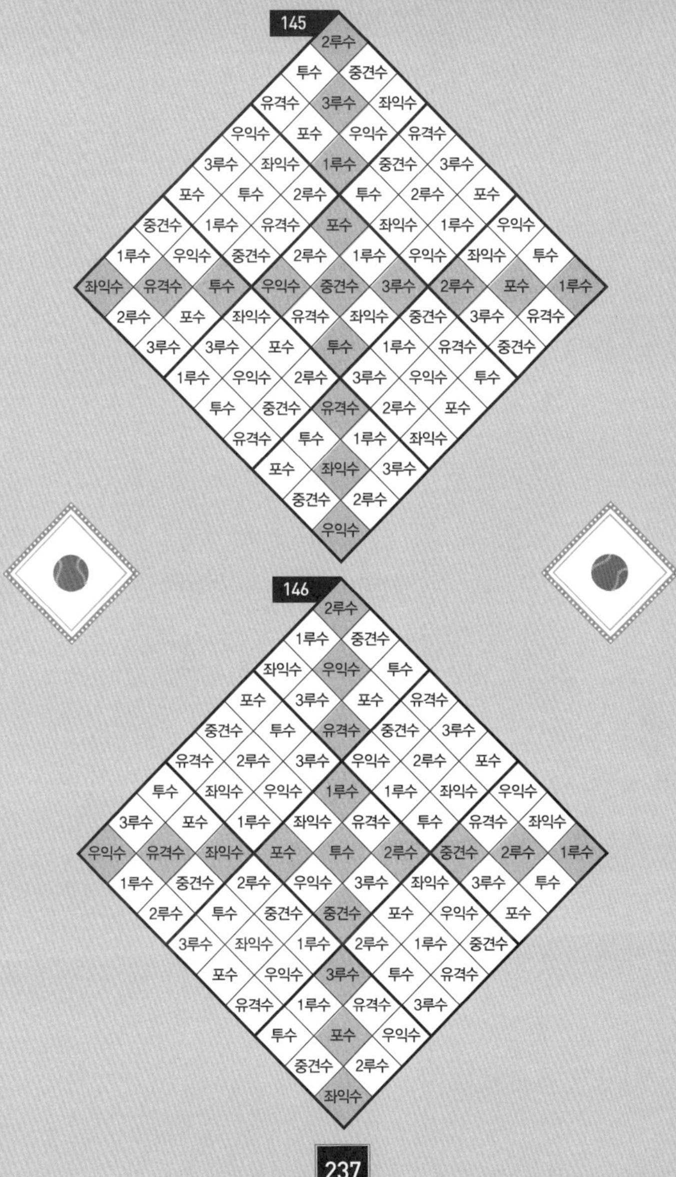

145
146
237

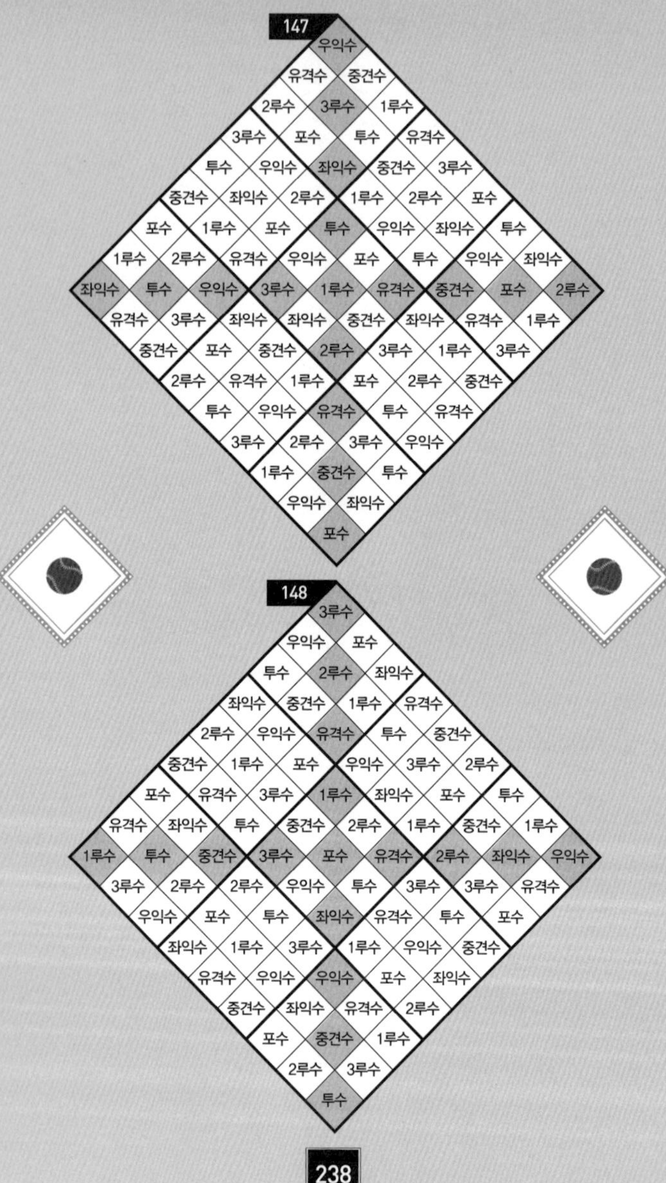

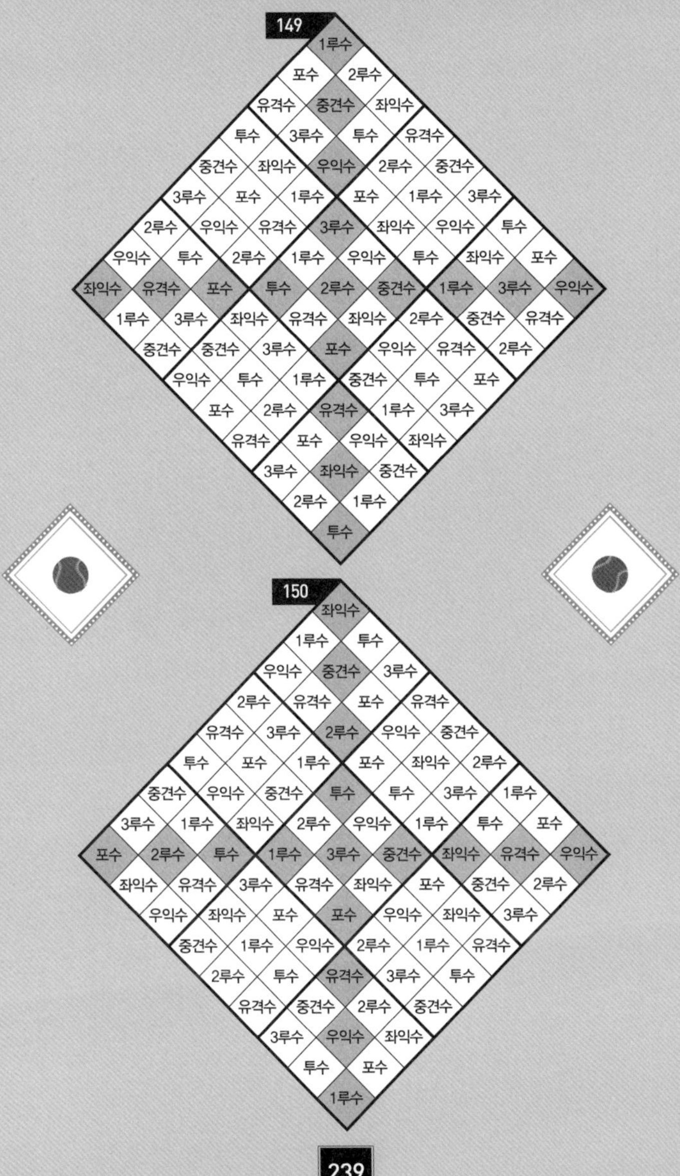